二战德国末日战机丛书

# 暮色毒鸮
# He 219

夜间战斗机全史

刘萌 著

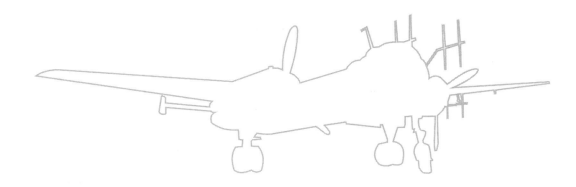

武汉大学出版社
WUHAN UNIVERSITY PRESS

**图书在版编目（CIP）数据**

暮色毒鸮:He 219 夜间战斗机全史/刘萌著.—武汉：武汉大学出版社，
2024.6

二战德国末日战机丛书

ISBN 978-7-307-24015-5

Ⅰ.暮…　Ⅱ.刘…　Ⅲ.第二次世界大战—歼击机—历史—德国　Ⅳ.
E926.31-095.16

中国国家版本馆 CIP 数据核字（2023）第 189485 号

责任编辑:蒋培卓　　　责任校对:汪欣怡　　　版式设计:马　佳

出版发行:**武汉大学出版社**　（430072　武昌　珞珈山）
（电子邮箱:cbs22@ whu.edu.cn　网址:www.wdp. com.cn）

印刷:武汉中科兴业印务有限公司

开本:787×1092　1/16　印张:10.5　字数:261 千字　插页:2

版次:2024 年 6 月第 1 版　　2024 年 6 月第 1 次印刷

ISBN 978-7-307-24015-5　　定价:56.00 元

# 目　　录

# 引　子

He 219"雕鸮(Uhu)"是由德国恩斯特·亨克尔飞机公司(Ernst Heinkel Flugzeugwerke)在第二次世界大战期间为德国夜间战斗机部队专门打造的一种双发重型战斗机,于1943年装备部队并参与夜间防空作战,很快就凭借高速和重火力取得了不俗的战绩,成了德国空军中唯一一种能对抗英军蚊式战机的机型。He 219"雕鸮"采用多种当时的顶尖技术,包括遥控炮塔、增压座舱、重型机炮,是德军第一架投入实战的前三点式起落架飞机,还是世界上第一架装备弹射座椅的作战飞机。嚣张霸气的外形、不同寻常的作战经历和为数众多的型号,为这种战机平添了几分神秘感。

本书将为读者揭开这种战机神秘的面纱。

# 第一章　He 219 的技术沿革

## 第1节　项目起源

　　随着英国皇家空军轰炸机司令部所带来的威胁不断增长,纳粹德国帝国航空部(Reichsluftfahrtministerium,缩写 RLM)急迫地需要创建一支独立的夜战部队。1940 年 7 月 17 日,该部发布了组建一个夜间战斗机师(Nachtjagddivision)的命令。这支部队的首任指挥官是约瑟夫·卡姆胡贝尔(Josef Kammhuber)上校,此人已经在第 51 轰炸机联队(KG 51)积累了大量的夜间飞行经验。由于对当时可用的飞机型号(Bf 110 重型战斗机和 Do 17 高速轰炸机改装成夜间战斗机的亚型)不满意,在担任新职务后不久,卡姆胡贝尔就要求军方研制一种专门的夜间战斗机。他提出,这种双引擎战机要拥有良好的操纵性,两名乘员要并排而坐,座舱玻璃的面积要大,能为乘员提供良好的视野,并且在机身下方的整流罩中安装固定式机炮,以保护机组人员不受炮口闪光的影响。

　　几个月前,1940 年 4 月 28 日,位于罗斯托克-马林艾厄(Rostock Marienehe)的亨克尔公司主动向帝国航空部提交了一份关于高速单引擎侦察机的方案,后来这个方案成为整个第二次世界大战中最杰出的夜间战斗机的设计基础。不过,此时还没有人认识到这种飞机未来的作战潜力。当时侦察机和轰炸机是德国空军优先考虑的机种,而像亨克尔这样的公司自然会努力取得那些可以大量制造的飞机型号的合同。其中,专业侦察机项目最初源于帝国航空部的一项声明,即德国空军目前没有一种高效的侦察机,必须由其他机型"客串"侦察机来执行相应的任务。因此,总参谋部要求设计一种专门

Bf 110G 战斗机,该机一直是德国空军夜间战斗机部队的主力装备。

执行侦察任务的飞机，其性能不会因为被迫履行其他职责——例如携带炸弹而受到影响。

1940 年 9 月 30 日和 10 月 1 日这两天，帝国航空部代表埃伯特（Herr Ebert）与亨克尔公司的董事卢塞尔（Lusser）以及梅施卡特（Meschkat）在帝国航空部的办公室内对这个问题进行了初步讨论。亨克尔代表概述了他们最新的项目，一种基于 He 119 的新型侦察机，代号为 P 1055。

图为加装 FuG 202BC 雷达的 Ju 88C 型夜间战斗机，在 1943 年之前占据德国夜间战斗机装备的第二把交椅。

根据项目计划，这种侦察机的机翼面积为 42 平方米，航程为 4000 公里，最大速度为每小时 750 公里，全备重量为 12.6 吨，起飞距离为 840 米。卢塞尔提出了不同的机翼设计方案（机翼面积从 35 平方米到 45 平方米不等）以供帝国航空部选择。为了提升帝国航空部对这一方案的兴趣，亨克尔的代表声称其可以在机身外的挂架上搭载两枚 1000 公斤炸弹，并配备一个可以容纳两名机组人员的增压驾驶舱。埃伯特声称这一方案的前景非常好，双方可以在短时间内签订生产合同，但最大飞行速度达到要求将是这一方案得以继续的决定性因素。有与会者提出可以以 DB 613 发动机作为新型侦察机的动力系统。这种发动机带有废气驱动的涡轮增压器，当时正在由戴姆勒-奔驰公司进行测试，预计在 1941 年正式投入量产。根据提议，新型侦察机的动力系统将由 2 台 DB 613 发动机（配有涡轮增压器和甲醇-水喷射系统）组成，起飞功率将达到 3500 马力。这种高性能发动机的使用前景令帝国航空部和航空工业的规划者们将目光投向了高空战机领域。

直到 10 月 24 日，与帝国航空部代表举行下一次会议时，亨克尔的高级技术人员之间已经针对新侦察机方案进行了几次讨论并互相交换了信件，然而，他们对这一项目还远没有达成一致意见。这些信件显示，亨克尔公司正在努

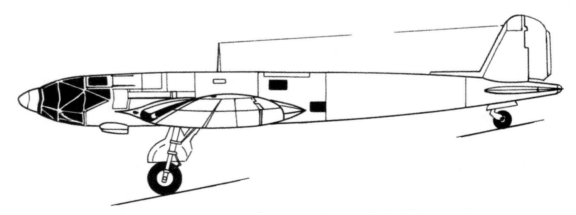

P 1055 项目以亨克尔 He 119 为基础，由放置在机身中心的耦合发动机提供动力。

力争取这份新的侦察机生产合同。

不过，有趣的是，专家们同时对这种新飞机的可取性表示了相当大的怀疑，根据最近的经验，这种飞机可能要到 1944 年中期才会装备部队，届时它估计会被更新的设计淘汰，后者很可能已经配备了涡轮喷气发动机。在上次会议上，亨克尔代表暗示新型侦察机有可能用作轰炸机，这引起了帝国航空部的格外关切，这些关切是基于对某些问题进行深思熟虑的结果。首先，新机型的前向防御被认为是不充分的，因为向前发射的武器受到了螺旋桨的限制，况且其只能固定安装。亨克尔公司知道 He 111 在英国上空遭受了严重的损失，其原因很明显是该型飞机的自卫武器火力严重不足，而且机头有大量的玻璃窗。由于 P 1055 也会排成编队飞行，因此固定式的前射武器将是一个致命弱点。2 名机组人员也被认为是不够的，因为一名炮手只能操作一件武器，一旦他被敌人打倒了，飞机就会失去自卫能力，成为攻击者的猎物。虽然卢塞尔董事认为 P 1055 可以凭借高速躲避敌人的攻击，但另一位董事冯·普菲斯特梅斯特（von Pfistermeister）提出了他对未来空战的看法：

根据设计规划，P 1055 将在 1942 年底升空试飞。如果该机型的第一批生产型于 1944 年 10 月装备部队，那么从今天算起，就已经过去整整 4 年了。因此我不同意你的观点（即认为 P 1055 可以凭借高速躲避敌人的攻击），根据估计，虽然 P 1055 目前还能占据速度上的优势。但到服役的时候，可能敌人会装备配有涡轮喷气发动机的战斗机，其将远远超过 P 1055 每小时 750 公里的速度。我甚至觉得敌人的战机不会次于我们的亨克尔 280 战斗机。那么 P 1055 就必须具备更强的防御力，最好与当今的轰炸机完全相同。总之，我认为，忽视敌军战斗机速度提高的可能性，是一个错误。

综合各种反对意见之后，专家们就 P 1055 作为中型轰炸机（当时是纳粹德国空军最重要的机种）使用的可能性进行了讨论。然而，这需要对设计进行全面修改，包括战机尺寸、载重能力、乘员数量和防御武器位置等方面。有人担心帝国航空部会优先选择具有更强防御能力的轰炸机，即使这要以降低速度为代价。亨克尔的专家们特别提到现代化轰炸机 Ju 288，与 P 1055 相比，它装备了更多的防御武器，而且最大速度也达到了每小时 650 公里。冯·普菲斯特梅斯特董事邀请帝国航空部的弗里贝尔（Friebel）先生共进晚餐，并利用这个机会对 P 1055 项目中悬而未决的问题进行了讨论。总参谋部认为扩大侦察机的任务范围是极其重要的。但只提到了"一战"后在非洲的任务、针对未开发地区的照片测绘任务，以及近东和远东任务。在这次讨论中，弗里贝尔建议亨克尔公司应该坚持不懈、克服困难将这种一流侦察机投入量产。弗里贝尔认为，将 P 1055 项目改为轰炸机是完全没有必要的，也是不合适的，因为德国空军已经有了 He 177 作为最重要的轰炸机项目，而将 P 1055 项目改为重型战斗机（Zerstorer）的想法也是值得怀疑的。弗里贝尔援引的例子是德军现役重型战斗机 Bf 110 和 Me 210 在英国上空遭遇的灾难性损失，这些战斗机即使没有搭载炸弹，也不是短程战斗机的对手。尽管面临各种反对意见，但亨克尔公司的技术人员还是计算出了基于 P 1055 项目的重型战斗机和轰炸机的规格，并将其提交给了帝国航空部。帝国航空部的赖登巴赫（Reidenbach）于 1940 年 10 月 19 日参与了该项目的讨论，他指出，帝国航空部已经确认了这些初步数据。但是，关于到底如何发展 P 1055 项目的问题将被暂时搁置。当时在场的克里斯滕森（Christensen）先生也指出，在对 Bf 110 的失败经验进行总结后，可以得出结论：重型战斗机只有在与单座战斗机处于同一速度级别时才具备真正的作战价值。为了进一步开展项目工作，亨克尔公司收到了一项指令，即将项目一分为二，其中侦察版本仍然被命名为 P 1055，而重型战斗机版本得到了 P 1056 的新项目名称。

| P 1055 项目规格表 | |
| --- | --- |
| 机翼面积 | 37 平方米 |
| 航程 | 重型战斗机和轰炸机版本均为 3000 公里 |
| 最高速度 | 重型战斗机版：发动机功率 2000 马力，745 公里/小时（6000 米高度） |
| 总重量 | 重型战斗机版：11000 千克 |
| 俯冲轰炸机版本的炸弹载荷 | 2 枚 1800 千克炸弹 |
| 重型战斗机版本的固定式武器 | 4 门 MG151 机炮（机身上有 2 门，机翼上有 2 门） |

　　1940 年 10 月 24 日，在一次重要会议上，亨克尔公司展示了 P 1055 项目的机身横截面图，并首次在重型战斗机版本中安装了鼻轮式起落架。

| P 1055 项目重型战斗机规格表 | |
| --- | --- |
| 机翼面积 | 38 平方米 |
| 航程 | 2000 公里 |
| 最高速度 | 发动机功率 2000 马力，735 公里/小时（6000 米高度） |
| 总重量 | 11100 千克 |
| 起飞距离 | 780 米 |
| 实用升限 | 发动机功率 1700 马力时为 9800 米 |

　　总的来说，帝国航空部对这个方案表示赞同，但是，其同时要求亨克尔公司必须按照下列方向进行改进：

A. 将实用升限提升至 12500 米。

B. 通过使用废气驱动的涡轮增压器，进一步提高实用升限。

C. 亨克尔公司所提出的武器装备方案得到了帝国航空部的赞同，即在机背的遥控炮塔中安装一门 MG 151，在机身安装两门固定式的、向前发射的 MG 151。然而，考虑到敌方战斗机速度的提升，要继续增添防御武器，例如在后机身上方和机身下方加装遥控炮塔。

D. 通过可更换的外翼板对不同机翼面积进行测试。

E. 最大俯冲角度为 30 度。

F. 必须安装机翼除冰设备，这对于在大西洋上空飞行是特别重要的。

G. 要调整螺旋桨叶片的尺寸以适应输出功率更大的发动机。

此外，亨克尔公司还提供了计划中的重型战斗机，也就是 P 1056 的数据。

| P 1056 项目规格表 | |
|---|---|
| 机翼面积 | 37 平方米 |
| 最高速度 | 发动机功率 3200 马力，720 公里/小时（9000 米高度） |
| 航程 | 2000 公里 |
| 武器 | 2 门 MG 151 型固定式前射机炮<br>1 挺 MG 131Z 型机枪，位于战机背部<br>1 挺 MG 81Z 型机枪，位于战机侧腹部 |

随着项目发展，帝国航空部建议 P 1055 总共安装 6 个遥控炮塔，其中 3 个在机身上方，3 个在机身下方。此外，帝国航空部要求继续发展 P 1056 型，并在机身上方和下方至少安装 3 个旋转炮塔，以加强自身火力。其目的是建立一支重火力的战斗机部队，以在轰炸机周围形成"刺猬"般的防护网。

1940 年 11 月 23 日，帝国航空部对 P 1055 的全尺寸模型进行了检查，其代表格哈德·沙伊贝（Gerhard Scheibe）原则上批准了该方案对机组成员的安排、飞机座舱能见度和内部空间，还有对装甲以及潜望镜的布置等。有趣的是，帝国航空部希望该项目继续"开枝散叶"，发展为侦察机、昼间轰炸机和重型战斗机。其中，轰炸机版本是在机身弹仓内携带炸弹，而不是利用外部挂架携带。卢塞尔更进一步，他建议

P 1055 在机身上方安装 2 个双联炮塔，在机身下方再安装 2 个双联炮塔，使其总共有 8 个可移动的武器和 1 到 2 门固定的前射机炮。

1940 年 11 月 28 日，帝国航空部宣布 P 1055 侦察/轰炸机已经成为该部发展规划中的一项重要内容。针对 P 1055 实机的最后检验期限被定在 1941 年 1 月 15 日，然而，亨克尔对于取得 P 1056 重型战斗机的生产合同却没有抱多大希望。

在 P 1055 侦察/轰炸机项目中，亨克尔飞机公司引入了一些创新设计：采用中单翼布局，将发动机重新布置到机翼前面的位置以便于维护，采用更优化的散热器，以及经过改进的发动机进气口，为了执行远程战略侦察和轰炸任务，这种飞机要具备携带副油箱和炸弹的能力。

| P 1055 侦察/轰炸机技术规格 | |
|---|---|
| 机翼面积 | 45 平方米 |
| 最高速度 | 发动机功率 3200 马力，700 公里/小时（9000 米高度）；<br>发动机功率 3700 马力，650 公里/小时（6000 米高度） |
| 总重量 | 11400 千克（中等载荷） |
| 实用升限 | 10500 米 |
| 航程 | 3500 公里 |

　　将机翼面积增加 20%，预计会令该机的实用升限提升约 1200 米。亨克尔公司宣布：该机在扮演昼间轰炸机的角色时，可以达到一枚 1000 公斤炸弹、2 枚 500 公斤炸弹或 2 枚 250 公斤炸弹的有效载荷。

　　1940 年 12 月 13 日举行了另一次会议，参加会议的有帝国航空部、雷希林测试中心（Erprobungsstelle Rechlin）以及亨克尔公司的代表。在会上，亨克尔公司为 P 1055 配备 DB 613 发动机的版本进行了进一步的性能估算。

| P 1055（DB 613 版）性能估算 | |
|---|---|
| 机翼面积 | 42.5 平方米、50 平方米、57.5 平方米 |
| 在 9000 米高空时的最高速度 | 686 公里/小时、668 公里/小时、653 公里/小时 |
| 实用升限（最高载荷） | 9800 米、10250 米、10700 米 |
| 着陆速度 | 168 公里/小时、156 公里/小时、148 公里/小时 |

　　会议上，专家们再次讨论了双尾翼布局的问题，他们担心螺旋桨后面的气流变化会在尾翼表面产生振动。解决方案是采用单尾翼和方向舵。随后，他们对"武装刺猬"的概念进行了再次讨论。出于空气动力学方面的考虑，帝国航空部要求将炮塔设计成可以伸缩的。预期的武器配置情况是：机身背部安装 2 个炮塔，分别容纳 3 门 MG 151 和 4 挺 MG 131 机枪，机身下方安装 1 个炮塔，容纳 4 挺 MG 131 机枪。

　　到了这时，P 1055 项目已经进展到必须为其分配一个型号名称的阶段了。先前道尼尔公司已经为 Do 17 的后续发展型申请了 Do 219 的型号名称，但尽管如此，帝国航空部还是将相同的编号分配给了亨克尔公司，于是，P 1055 正式更名为 He 219。

　　亨克尔公司得到通知，帝国航空部和雷希林测试中心的代表将于 1941 年 2 月 4 日前往亨克尔公司检查 He 219 的全尺寸模型。

　　一份日期为 1941 年 2 月 13 日的亨克尔公司备忘录将处于不同发展阶段的 He 219 与福克-沃

尔夫 Fw 191 和容克斯 Ju 288 进行了比较。所有　　　的性能数据都来自亨克尔公司的估算。

| He 219/Fw 191/Ju 288 估算性能比较表 | | | | | |
|---|---|---|---|---|---|
| 型号 | He 219 | | | | Fw 191 | Ju 288 |
| 日期 | 1940 年 9 月 30 日 | 1940 年 10 月 19 日 | 1940 年 11 月 28 日 | 1941 年 1 月 24 日 | — | — |
| 最高速度 | 750 公里/小时 | 735 公里/小时 | 700 公里/小时 (9000 米高度)、650 公里/小时 (6000 米)高度 | 680 公里/小时 (9000 米高度)、630 公里/小时 (6000 米高度) | 590 公里(小时) | 620 公里(小时) |
| 重量 | 12200 千克 | 12100 千克 | 12500 千克(侦察型) 13500 千克(轰炸型) | 14200 千克(侦察型) 14200 千克(轰炸型) | 22500 千克 | 18500 千克 |
| 不搭载炸弹时的最远航程 | 4000 公里 | 4000 公里 | 2700 公里 | 3300 公里 | 5000 公里 | 5000 公里 |
| 不搭载炸弹时的实用升限 | — | 9800 米 | 10500 米 | 10700 米 | — | — |
| 炸弹载荷 | 2000 千克 | 1000 千克 | 1000 千克 | 1000 千克 | 2000 千克 | 2000 千克 |
| 机翼面积 | 35~45 平方米 | — | 45 平方米 | 55 平方米 | 70 平方米 | 60 平方米 |

1941 年 2 月中旬，帝国航空部和亨克尔公司的代表们针对 He 219 项目进行了进一步讨论。帝国航空部的弗里贝尔表示，按照第 1277 号性能表的数据，He 219 的性能水平处于历史最低点，但仍然可以被空军接受。帝国航空部要求

He 219 的最大飞行速度为每小时 750 公里，这也是亨克尔公司在第一次提交方案时所承诺的性能。亨克尔公司的技术人员认为，侦察机必须具备某些最顶尖的性能参数，而不是像轰炸机那样强调性能的均衡。而在侦察任务中，速

度是最重要的参数。因此，可以适当削减侦察机的武器，以跟上敌军战斗机的步伐。不过，这种设计思想只能应对一时，当敌军新锐战斗机，特别是涡轮喷气战斗机登场的时候，只有拥有强大武器和重装甲的侦察机才能在战场上幸存下来。

与此同时，卡姆胡贝尔的夜间战斗机师被扩编为第 12 夜间战斗航空军。他被任命为夜间战斗机部队总监（General der Nachtjagd），军衔为空军中将（Generalleutnant）。1941 年春天，英国轰炸机司令部试图通过发动更猛烈的夜袭来削弱德国的战争工业。尽管这样，帝国航空部仍然没有认真考虑空军对现代化夜间战斗机的需求。它的注意力被引向了其他地方，包括一种新的侦察机。为了尽量达到性能方面的极限，帝国航空部对亨克尔的侦察机方案提出了以下建议：

A. 取消内部弹仓。

B. 轮毂直径缩小到 1100 毫米。

C. 取消富勒襟翼（Fowler Flaps），以作为减轻重量的措施。

D. 采用双人驾驶舱。

E. 最高速度为每小时 750 公里。

F. 如果可以节省空间和提高性能，那么就取消机鼻起落架。

同时，亨克尔公司也获得了 Ju 288 和 Fw 191 的真实性能数据，可以根据竞争对手的性能数据来修正自己的计划了。仅仅两周后，亨克尔公司就向帝国航空部提交了重新估算的性能数据。

随后，帝国航空部宣布放弃旧的 He 219 项目，并发出指示，要求亨克尔公司为新方案创作设计样稿并制作全比例模型。帝国航空部声称，其可接受的最低航速为每小时 730 公里。根据要求，亨克尔公司需要在 1942 年 3 月 1 日之前制造第一架原型机，并于 1942 年 6 月之前做好生产第一架量产型的准备。

根据计划，新 He 219 将由两台 DB 613 发动机提供动力，每台发动机驱动一个三叶螺旋桨。两个螺旋桨将向相反的方向转动以减轻扭矩效应。帝国航空部有一个明确的要求，即 He 219 发动机的散热器必须要受到保护，如果可能的话，要使用强制通风设备。即使用环形散热器，并通过连接在螺旋桨轴上的风扇进行强制通风（就像 Fw 190 战斗机上使用的 BMW 801 发动机一样），这似乎也是当时效率最高的一种布局。

| Ju 288/Fw 191 性能更新表 | | |
|---|---|---|
| 型号 | Ju 288 | Fw 191 |
| 机翼面积 | 60 平方米 | 70 平方米 |
| 重量(扮演侦察角色) | 17700 千克 | 20500 千克 |
| 燃料载荷 | 5500 千克 | 6030 千克 |
| 爬升和战斗功率挡(Jumo 222 发动机)<br>2×1700 马力，6000 米高度 | 595 公里/小时 | 565 公里/小时 |

| He 219 性能更新表 | |
|---|---|
| 机组成员数量 | 2 名 |
| 机翼面积 | 42.5 平方米 |
| 重量 | 12000 千克 |
| 武器 | 1 挺 MG 131 机枪(固定向后射击);背侧和腹侧炮塔内各配备一挺双联装 MG 131 机枪。 |
| 最高速度 | 740 公里/小时(9000 米高度,且配备加力系统时) |
| 最大航程 | 2800 公里 |

为驾驶这种特殊的飞机,将配备专门的机组人员。He 219 将获得优先于当时生产的飞机的最佳装备。1941 年 3 月 26 日,亨克尔公司完成了 He 219 的全尺寸模型,并提交帝国航空部审查。后者对该机驾驶舱的布局非常满意,但也提出了新的要求,即应该扩大潜望镜的视野,以便帮助飞行员监测飞机后面的整个空域。各机组成员的职责划分如下。

飞行员:除了驾驶飞机外,飞行员还需要能审视飞机后面的全部空域,以观察敌机动向。此外,他还需要借助固定潜望镜中的十字准星来操作固定武器。

观察员:除了负责拍摄航空侦察照片外,观察员还需要不断监测地形,并操纵计划中的自动驾驶仪来纠正航线。当受到敌机的威胁时,他负责操作两座炮塔(B 和 C 炮塔)。

为了便于飞行员观察飞机周围的全部空域,将在座舱安装多部潜望镜,其中包括:一个面向后方的潜望镜,其头部可以旋转(有观察口),用于观察机身后方、上方和下方的空域,并用于自卫武器的瞄准(B 和 C 炮塔)。从机身上伸出的潜望镜将被封闭在一个水滴状的整流罩中。

有趣的是,军方预计 He 219 在战后将继续作为高空侦察机使用。以下是对该机模型进行考察和讨论所得出的报告:"要想实现高空侦察机的设计目的,其必须具备在高空飞行的特性,因为只有这样才难以被敌人发现。"可以通过下列方法轻松增加该机的飞行高度:

1. 取消炮位,使其重量减少约 1000 公斤。

2. 用一个展弦比极高的机翼来取代现有机翼。

发动机的生产能否顺利完成是第一批 He 219 飞机能否按时交付的一个决定性因素。根据安排,应该在 1941 年底前交付 8 台 DB 613 发动机,其中只有 3 台被指定给亨克尔公司。其余 5 台将由戴姆勒-奔驰公司在雷希林的试验场进行测试。戴姆勒-奔驰公司宣布飞机交付日期要推迟两到三个月,因为要对 He 219 和 He 177 的螺旋桨轴进行必要的改装。

此外,帝国航空部要求 He 219 能够在水上降落,还要求其可以执行夜间行动,但这并不是一个必要条件。军方还要求 He 219 在交付后还需加装防空拦阻气球钢缆防护板。依照先例,除冰设备也应该是该型号标准设备的一部分。

然而,Bf 110 搭配潜望镜的实战效果相当糟糕,这严重影响了 He 219 项目的推进,其甚至陷入被整个取消的危险当中。为此,设计人员特别开发了一种新的三座亚型——第三名机组成员的唯一任务就是对飞机周围的空域进行目视监控。

最终 DB 603 成了 He 219 所有改型的标准动力装置。

1940 年 5 月 30 日，相关人员在柏林召开了另一次会议。由于 DB 613 似乎不太可能于 1942 年年底前及时安装到第一批 20 架 He 219 机体上，因此厂方提出了一个临时解决方案，即使用 DB 610 发动机，但飞机的机翼面积将会下降，搭载的武器装备也要相应减少。设计人员还提出了一个新项目，即在 He 219 的前机身上安装一台双联 DB 610 发动机。他们为这个新项目订购了一个简单的模型。有趣的是，会上，帝国航空部还提议对阿拉多 Ar 240 在执行远程侦察任务中的作用进行评估。随后，三架 Ar 240 原型机被制造出来，该型机被认为是在 He 219 投入生产之前的一个临时解决方案。在会议上，亨克尔公司还提出了 He 219 的最新技术规格。

| He 219 最新技术规格 | |
| --- | --- |
| 安装 DB 613 发动机，使用 C3 燃料的 He 219 型号 | |
| 机翼面积 | 42 平方米 |
| 武器 | 2 挺 MG 131Z 机枪(遥控) |
| 总重量 | 12200 千克 |
| 最快速度 | 693 公里/小时(应急功率) |
| 6800 米高度的最快速度 | 667 公里/小时(爬升和战斗功率) |
| 航程 | 航速 490 公里/小时条件下为 2940 公里 |
| 安装 DB 613 发动机，以及小型机翼的 He 219 型号 | |
| 机翼面积 | 37 平方米 |
| 武器 | 2 挺 MG 131Z 机枪，固定向后射击 |
| 总重量 | 10600 千克 |
| 最快速度 | 738 公里/小时(应急功率) |
| 6800 米高度的最快速度 | 712 公里/小时(爬升和战斗功率) |
| 航程 | 航速 528 公里/小时条件下为 2940 公里 |
| 与上栏亚型设计相似，但安装 DB 610 发动机的 He 219 型号 | |
| 机翼面积 | 32 平方米 |
| 武器 | 2 挺 MG 131Z 机枪，固定向后射击 |
| 总重量 | 9100 千克 |
| 最快速度 | 719 公里/小时(应急功率) |

续表

| He 219 最新技术规格 | |
|---|---|
| 6800 米高度的最快速度 | 704 公里/小时（爬升和战斗功率） |
| 航程 | 航速 516 公里/小时条件下为 2720 公里 |
| 在前机身安装 1 台双联 DB 610 发动机的 He 219 型号 | |
| 机翼面积 | 32 平方米 |
| 武器 | 2 挺 MG 131Z 机枪，固定向后射击 |
| 总重量 | 9100 千克 |
| 最快速度 | 740 公里/小时（应急功率） |
| 6800 米高度的最快速度 | 724 公里/小时（爬升和战斗功率） |

据预计，He 219 将配备可拆卸的"远程飞行副油箱"，这种油箱已经在 Me 210 上进行过实战测试了，效果非常好。帝国航空部建议用两门 MG 151 替换原定的 MG 131 机枪，以用于后方防御，因为前者的射程更远。弗里贝尔先生在会上顺便提到，他还在加速研制一种特殊的高空侦察机（可以在大约 15000 米的高空飞行）。1941 年 6 月 20 日，帝国航空部派代表前往位于马林艾厄的亨克尔工厂对 He 219 模型进行了检查，针对其提出的问题，亨克尔公司提出了两个解决方案：

其一，采用 DB 613 发动机的 He 219 版本。

其二，研发一种新的飞机，在前机身上装有一台双联 DB 610 发动机。

由于方案一机型飞行员的能见度较差，而方案二对机体后方和下方的观察和防御具有很大优势，因此帝国航空部决定由亨克尔公司在 1941 年 7 月 12 日按照方案二生产一个模型，但改为安装 DB 615 发动机。使用这种动力装置，预计在 10000 米的高度上可以达到每小时 760 公里的最大速度。方案二亦被要求安装一个增压驾驶舱。另外，预计将安装在 He 219 上的、由蔡司公司生产的 ERKU Cl 型望远镜已经在 He 111 轰炸机上的一个武器站中进行了测试。

帝国航空部放弃了安装 DB 610 发动机的 He 219 临时解决方案，转而投产 Ar 240。1941 年 6 月 25 日，帝国航空部又放弃了在机身上安装发动机的方案。1941 年 7 月 2 日，恩斯特·

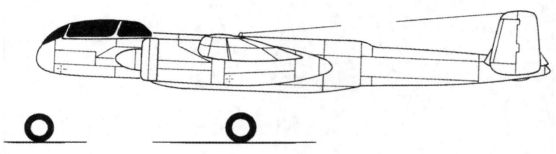

He 219 的初始计划生产版本。

乌德特(Ernst Udet)将军会见了亨克尔教授，除其他事项外，还询问了 He 219 项目的进展、其选择发动机的情况以及发动机的布置情况。亨克尔不得不告诉他，在对现有设计方案进行试验时，无论是将发动机安装在后机身上，还是在加长的前机身上（需要对驾驶舱设计进行修改），均未能取得令人满意的效果。这时，整个 He 219 项目已经亮起了红灯。乌德特打算在 7 月 17 日访问位于马林艾厄的亨克尔工厂，并借此机会对 He 219 的全尺寸模型进行检验。乌德特知道，帝国的夜间战斗机部队目前正越来越受到关注，卡姆胡贝尔少将也希望能拥有一款专门的夜间战斗机。在检验模型的过程中，双方谈话的方向转向了将 He 219 改用作专用夜间战斗机，而 1941 年 7 月 18 日的会议记录第一次透露出这种趋势。

亨克尔从帝国航空部获得了关于夜战飞机所应具有的性能和当前夜战飞机的相关信息。这显然为 He 219 带来了新的前景。帝国航空部指出，实战证明，Bf 110 和 Do 215 有能力对付英国的惠特利、汉普顿和威灵顿轰炸机，然而，自从皇家空军轰炸机司令部引进曼彻斯特轰炸机和四引擎的斯特林及哈利法克斯重型轰炸机之后，德军战斗机已经很难有效对其进行拦截。由于对自己夜间战斗机部队的战绩陡然下降而感到震惊，大约在同一时间，卡姆胡贝尔少将要求与希特勒会面，以说服后者责成航空工业界迅速提供一种更强大的夜间战斗机。希特勒被卡姆胡贝尔的论点和他的坚韧所打动，赋予了他广泛的特殊权力，使他在很大程度上独立于戈林、空军最高统帅部和帝国航空部。卡姆胡贝尔立即采取行动，并在随后的一段时间里派出了成功的夜间战斗机飞行员，如维尔纳·斯特赖布(Werner Streib)、伦特(Lent)和贝克尔(Becker)，前往罗斯托克工厂去搜罗有前途的

项目，此时乌德特已经跟卡姆胡贝尔通过气了，并宣布全力支持亨克尔公司。

1941 年 7 月 31 日的一份备忘录中首次提到了将 He 219 用作夜间战斗机。在扮演这种最新角色时，该机将采用 DB 613 或 DB 615 发动机。然而，与此同时，军方仍在考虑令 He 219 扮演重型战斗机和快速昼间轰炸机的角色。在军方众多新要求中，又出现了对重型武备的要求，即 He 219 至少要装备 6 门机炮。这将导致该机无法按照计划安装六叶螺旋桨。将如此多的机炮集中起来并安全射击在当时几乎是不可能完成的任务。当时弹药的点火时间从 3.5～6 毫秒不等。六叶螺旋桨可以提供一个大约 30 度的自由角，弹丸通过间隔为 5～7 毫秒。可见光是弹丸的点火就占用了这一宝贵时间。

另外对四叶螺旋桨的测试也未能产生令人满意的结果。当时，军方认为三名机组人员是夜间战斗机作战的理想人选，其中至少要有两名机组人员并排坐在一起。最后，为了挽救这个项目，亨克尔考虑了唯一正确的设计，那就是将发动机安装到飞机机翼的下方。这个项目唯一的缺点是 DB 613 和 DB 615 发动机生产的持续延迟。不过，如果暂时用功率较小但可靠性较佳的 DB 603 装备 He 219，似乎有望获得成功。

鉴于采用机身安装发动机这一设计会给固定式前射武器的射击和俯冲轰炸带来巨大的困难，1941 年 8 月 14 日，亨克尔请求乌德特将军批准 He 219 生产型采用机翼安装发动机的设计。由于工艺水平的提高，机身可以做得更薄，因此其最大速度不会减少太多，仍会达到每小时 709 公里。使用大展弦比机翼可以使 He 219 飞到 16000 米的高度，但代价是速度进一步下降。乌德特表示赞同，并将亨克尔 He 219 的亚型限定为高空侦察机、高空战斗机、高空夜间战斗

机和夜间战斗机，这很可能是考虑要兼顾 Ar 240 和 Me 210 的需要。亨克尔觉得自己比这些竞争对手更有优势，因为随着军备计划的变动和新型发动机的延迟，意味着阿拉多和梅塞施密特公司也必须重新设计他们的飞机。

此时亨克尔突然注意到，他的公司在一年内制定并提交给帝国航空部的无数个 He 219 项目提案并未受到必要的关注。尽管亨克尔认为自己有能力将 He 219 项目改为重型战斗机和快速轰炸机，但在时机成熟之后再与帝国航空部去讨论这些问题似乎更明智一些。因此，He 219 项目的这些版本都被无限期地搁置了。

虽然 He 219 项目的轮廓已经大致定型，但亨克尔试图从帝国航空部获得一个不同的、可能更高的编号。这或许是因为亨克尔公司不再认为自己推出的新双引擎战机是 He 219 后续发展型号。当时帝国航空部手中可供选择的编号有 274、276、277（已经保留给 He 177 的发展型）、278 和 279。1941 年 8 月 22 日，海克尔博士在一份电报中告知帝国航空部："最好给我 He 250 的编号，但如若不能，给我其他任何编号也是可以的。"不过，最终该项目并没有得到新编号，其名称仍然是 He 219。

8 月 26 日，亨克尔向帝国航空部提交了新的双引擎战机设计方案。应后者的要求，其武器配置变得更加灵活。主起落架也发生了变化，每个起落架都装有一个大轮子，而不是原先的两个小轮子。修改后的起落架可以在不影响其刚性的情况下平直收进机翼。鉴于卡姆胡贝尔先前通过帝国航空部提出的夜间战斗机的基本要求，亨克尔在最新方案中设计了一个三人驾驶舱。针对全尺寸模型的检验定于 9 月初进行。

在亨克尔飞机公司的记录中，有一份日期为 1941 年 10 月 13 日的秘密会议记录，涉及空军总参谋部于 1941 年 10 月 10 日和 11 日在马林艾厄举行的会议。记录中提到："……空军高层访问了亨克尔飞机公司，以确定 He 111、He 177、He 219 和 He 280 项目的状况。"军官们的意见与帝国航空部基本吻合。基本上，他们得出了以下结论：

考虑到战争形势的发展，我们无法与美国和英国的生产能力相匹敌。为了成功地推进战争，我们必须以数量为代价建造高质量的飞机。空军不能因为我们给他们的飞机不如敌人而损失机组人员，因为这些人除了训练水平较高外，还拥有丰富的前线经验……

在进行最新的情况简报之后，大家一致认为，双人驾驶舱完全可以满足未来本土夜间战斗机的作战需要。同时，背部和腹侧的炮塔也可以放弃。经过进一步考虑，确定 He 219 高空版（采用与最初设计同样的机身，但机翼的长度增加 50%，厚度增加 30%）需要安装更大尺寸的螺旋桨和 DB 614 高空发动机。另外，空军高层指出，在设计之初就要尽可能将装甲防护考虑在内。燃料箱也要精心布置，提升其防护水平。为了便于发动攻击，需要减速装置来匹配敌方轰炸机的速度。

## 第 2 节　原型机的制造和试飞

尽管帝国航空部和亨克尔公司仍然在考虑发展 He 219 的重型战斗机和快速轰炸机亚型，但截至目前，通过前线部队和制造商之间的合作，其已经成为了一种理想的夜间战斗机。年底，时任亨克尔公司设计部门负责人的齐格弗里德·冈特（Siegfried Gunther）提出了两份设计方案：

第一种，将 He 219 设计成双座双引擎的夜间战斗机，装备 DB 603 发动机。武器装备包括：在翼根安装两门 MG 151/20 机炮，还有四门类似的武器安装到机腹侧面的炮塔中，固定向前射击。不过，He 219 后方防御差的问题仍然没有解决，因为 He 177 的经验表明，计划用于前者的 FD 131Z 型双联装机枪还没有做好服役准备。因而，只能暂时寄希望于无线电/雷达操作员操作的 MG 131Z 了。此外，重新引入鼻轮式起落架的设计。起落架部件在缩进发动机机舱或前机身之前会先旋转 90 度。值得一提的是，此时冈特在机头安装机载雷达方面只采取了初步措施，因为直到 1943 年年初，德律风根（Telefunken）公司才能投产 Fug 212 "列支敦士登（Lichtenstein）" C-1 系列雷达。为机组人员的安全着想，冈特计划在 He 219 上安装弹射座椅。

第二种设计属于高空侦察型，由 DB 614 发动机（基本上是带有三速增压器的 DB 603）提供动力。在这种情况下，其从一开始就没有安装遥控武器站或翼载机炮的计划。

计划包括在机身下安装一个"武器站"，其下方装有两个 ETC 1000 型炸弹挂架或者四个 ETC 500 型炸弹挂架，用于扮演快速轰炸机角色。此外，武器站内还有两挺固定的、向后发射的 MG 17 机枪。由于整体重量的增加，其主起落架再次安装了双机轮，并可以在不旋转 90 度的情况下收回。

考虑到零部件不可通用，乌德特要求为 He 219 设计一种以 DB 603 为动力的预生产型，以及一种配备 DB 614 和大展弦比机翼的高空战斗机型。为了避免使用麻烦的遥控火炮控制系统，在快速轰炸机版本上，设计师将背部和腹部炮塔进一步前移，这将令使用简单的液压火炮控制系统成为可能。原来对于并排座位的要求被取消了。

根据经验，飞行员在无线电/雷达操作员的指导下，可以在大约 200 米的距离上利用目视发现敌军轰炸机。不过，在进行任务规划时，仍需由观察员帮助飞行员指示敌机的方向。观察员可以借助"列支敦士登"雷达来完成这一任务，该装置由阴极射线管（雷达显示器）来显示敌机的高度、方位和距离，还可以结合地面雷达站提供的信息进行探测。而对于操作"列支敦士登"雷达来说，操作员坐在飞行员旁边或后

He 219 V1 原型机初期状态，值得注意的特点包括阶梯式机身和四叶螺旋桨。它与后来的生产型外形差距较大。

面没有什么区别。对于本土防御战斗机来说，是不需要第三名机组成员的。而另一方面，第三名机组成员对于远程夜间战斗机来说是不可缺少的，因为他将负责操作机背和机腹的炮塔并保持与基地的无线电通信。帝国航空部承认使用鼻轮式起落架是夜间战斗机版本的一个绝对优势。

1942 年 1 月 8 日，空军最高统帅部决定赋予 He 219 首份生产合同。冈特回到公司后，即开始建造第一架原型机——He 219 V1。一个月后，必要的图纸已经完成了百分之八十。1942 年 1 月 22 日，卡姆胡贝尔中将和博韦先生（Herr Beauvais）检查了 He 219 的模型，并认为其驾驶舱、武器和橡皮艇的布置基本正确。其预计装备的机载雷达是 FuG "列支敦士登"，还配有一个带有自动驾驶设置的自动测向仪和 UHU 装置（FuG 135 型数据传输装置）。其采用的标准无线电设备包括两套 FuG 16 ZY，外加一套 FuG 10P。在三部电台的帮助下，机组成员可以选择的频道包括：Y-控制、空中交通管制、编队指挥频道和战斗机控制频道（Reichsjcigerwelle）。在项目的这一阶段，帝国航空部规定了更多的细节。包括可能使用 GM-1 氮氧化合物喷射系统（高空用的加力系统）来提高性能，以及使用制动螺旋桨来降低夜间接近目标时的速度（主要使用梅塞施密特可变负桨距螺旋桨）。夜间战斗机和重型战斗机的机身和发动机均配有装甲，其正面的倾斜角为 10 度，可以抵御 12.7 毫米口径子弹的轰击，重型战斗机的发动机和驾驶舱还配有额外的装甲，可以抵御来自背后的火力，发动机周围还配有钢制立柱，可以提供进一步保护。根据帝国航空部制订的计划，DB 603C 型发动机要等到 1943 年 2 月 1 日才会交付。说明确点的话，这意味着从 He 219 V1 到 V5 都没有可以安装梅塞施密特制动螺旋桨的发动机。DB 614

计划于 1943 年 4 月 1 日交付，并将对 He 219 V9 型产生影响。因此，He 219 的发动机将取自预生产（零）系列。

作为乌德特的继任者，埃哈德·米尔希在空军装备投入服役的过程中起到了决定性的作用。图为米尔希与幕僚开会的情景。

1942 年 1 月 22 日，He 219 的木制样机首次展示在世人面前。包括卡姆胡贝尔中将在内的拥护者们造访了曼瑞纳亨工厂，与公司设计人员讨论了改进 A 型机上标准设备的问题。其中包括在该机上配置 GM-1 喷射系统以提高引擎功率的技术可行性。

帝国航空部要求亨克尔公司在 1942 年 3 月 10 日之前完成 He 219 夜间战斗机型的驾驶舱模型，这也是建造原型机前最后的模型。由于散热器的安排仍然是一个有争议的问题，帝国航空部提议亨克尔工厂的技术人员检查一架缴获的苏联战机，即伊尔-2 型近距离支援飞机。这种飞机对于散热器的保护十分完备，亨克尔公司的代表对其进行了仔细的检查。

1942 年 3 月 11 日，亨克尔博士写信给戴姆勒-奔驰公司，要求在 1942 年 8 月初之前交付首批 4 台 DB 603C 发动机。同时，亨克尔要求戴姆勒-奔驰公司主管纳林格（Nallinger）于 1942 年 4 月中旬参加在马林艾厄工厂进行的 He 219 动力系统实体模型审查会议。进一步交付发动机的日程安排请见表格。

| 发动机配属的原型机编号 | 发动机数量 | 亨克尔公司截止日期 | 帝国航空部截止日期 |
|---|---|---|---|
| 发动机交付的日程安排 | | | |
| V1 | 2 | 1942 年 09 月 01 日 | 1942 年 10 月 01 日 |
| V1 | 2(备用发动机) | 1942 年 10 月 01 日 | 1942 年 10 月 15 日 |
| V2 | 2 | 1942 年 10 月 15 日 | 1942 年 11 月 01 日 |
| V3 | 2 | 1942 年 11 月 15 日 | 1942 年 11 月 15 日 |
| V1 ~ V3 | 2(备用发动机) | 1942 年 12 月 01 日 | 1942 年 12 月 01 日 |
| V4 | 2 | 1942 年 12 月 15 日 | 1942 年 12 月 15 日 |
| V5 | 2 | 1943 年 01 月 01 日 | 1943 年 01 月 01 日 |
| V1 ~ V5 | 2(备用发动机) | 1943 年 01 月 15 日 | 1943 年 01 月 15 日 |
| V6 | 2 | 1943 年 01 月 02 日 | 1943 年 01 月 02 日 |
| V7 | 2 | 1943 年 02 月 15 日 | 1943 年 02 月 15 日 |
| V1 ~ V7 | 2(备用发动机) | 1943 年 03 月 01 日 | 1943 年 03 月 01 日 |
| V8 | 2 | 1943 年 03 月 15 日 | 1943 年 03 月 15 日 |

1942 年 3 月 27 日，纳林格主管写信给亨克尔教授，通知他在 1942 年 10 月之前无法交付 DB 603C 发动机。他建议用 DB 603A 或 B 发动机来作为替代品，不过这些发动机需要直径较小的环形散热器和腹侧散热器。

然而，就在亨克尔紧锣密鼓地研制 He 219 的时候，英国人也没有闲着。英国情报部门的行动迅速而有效。一旦德国人生产出真正具备高超性能的夜间战斗机，可能就会威胁到皇家空军少将哈里斯和他的轰炸机司令部的计划。英国人严重高估(德国人自己也有所高估)了德国空军一些新锐项目的发展潜力，诸如 He 219、He 280 涡轮喷气战斗机和 He 177 远程轰炸机，并针对它们采取了行动。轰炸机司令部接到了摧毁罗斯托克和其他地区亨克尔工厂的命令。哈里斯计划于 4 月 24 日至 27 日发动一系列攻击。其中，轰炸位于罗斯托克南部的亨克尔工厂的任务交给了皇家空军第 5 大队。皇家空军连续四个晚上轰炸罗斯托克，尽管工厂和飞机场在第一个晚上几乎没有遭受什么破坏，但每一次袭击都比前一次更加致命。

在皇家空军的第三次轰炸中，亨克尔的许多设计图纸被大火烧毁了。对英国人而言，最有效的突袭是 4 月 27 日晚上的最后一次。亨克尔工厂大部分的现代生产设施都化为乌有。幸运的是，设计部门、模型车间和当时正在生产的 He 219 Vl 原型机所在的区域都没有遭到破坏。

由于遭到连续轰炸，亨克尔公司将部分生产线以及开发和设计部门转移到了帝国的南部，即维也纳附近的海德菲尔德空军基地(Heidfeld air base)，距离罗斯托克 680 公里。从一开始，海德菲尔德基地在恩斯特·亨克尔飞机公司的所有文件中以及在与帝国航空部的通信中就被称为"施韦夏特(Schwechat)"工厂。

卡姆胡贝尔中将让亨克尔公司向他提交 He 219 的计划文件，其中包括性能图表和风洞测量的各项具体数据。他要求为观察员提供一个可旋转的座椅，这样他就可以更好地操作防御武器，并且通过将座椅旋转 180 度，还可以随时操作机载雷达。然而，这很快就产生了严重的问题，因为它与另一项需求（即对于弹射座椅的需求）冲突。不可避免地，是否采用三人驾驶舱的问题又出现了。鉴于预生产系列的建造可能很快开始，在一次会议上，卡姆胡贝尔要求从 1943 年 4 月开始组建一支由 20 到 30 架 He 219 组成的完整作战部队。1942 年 5 月 27 日，恩斯特·亨克尔飞机公司的项目负责人得到消息：DB 603C 发动机的研发已经中止了。在每分钟 2230 转的转速下，该发动机会发生严重的曲轴振动，其标准正齿轮传动系统也会无法使用，这意味着继续开发该型发动机的成本是无法承受的。面对为 He 219 和 He 274 挑选发动机这一日益严重的问题，亨克尔公司此时得出结论，DB 603B 的驱动轴为 300 毫米，可以延长到 370 毫米（减速比为 2.07∶1），然后作为 He 219 的未来动力装置。

1942 年 6 月 14 日，另一次会议由乌德特的继任者埃哈德·米尔希（Erhard Milch）空军元帅主持。新任空军参谋长将 He 219 视为几乎胎死腹中的 Ar 240 的替代品，并宣布亨克尔公司的设计方案满足了部队对于夜间战斗机的大部分要求。但令卡姆胡贝尔倍感惊讶的是，在演讲结束时，米尔希要求提供一份关于 Bf 110 替代机型的详细性能需求，并声称只有达到这一要求的机型才能投产。尚且不论 He 219 能否达到这一要求，即使能达到，在 1945 年之前也不太可能生产至足够数量。

德国空军的前线指挥人员立即表示强烈抗议。卡姆胡贝尔表示，没有高性能战斗机，自己是无法成功完成保卫祖国夜空的任务的。在这个时候，Ju 88 的继任者 Ju 188 也被纳入了讨论范围，尽管其生产公司并没有推出重型战斗机版本的计划。随后，容克斯公司按照米尔希的要求完成了 Ju 188 R 夜间战斗机与"列支敦士登"CI 雷达的组合模型，但那已经是 1942 年底至 1943 年初的事情了。

在卡姆胡贝尔的要求下，容克斯、梅塞施密特、由谭克博士领衔的福克-沃尔夫，以及亨克尔公司均提交了新的方案。当其他所有竞争者都把自己的最新方案投入到这场比赛中时，梅塞施密特却拒绝放弃他的 Bf 110。可能是得到了帝国航空部的默许，该公司只提出了一个改

图中为 Ju 188 E 轰炸机，是与 He 219 同时代的机型，帝国航空部想让其扮演夜间战斗机的角色。

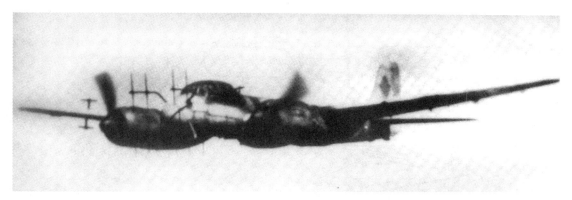

一架配备 FuG 220 SN-02 雷达的 Ju 88 G 夜间战斗机。

进型号，即 Bf 110 G。它需要一个更大的天线阵列，即所谓的"大鹿角"（grosse Hirschgeweih）。这种德国夜间战斗机的新锐主动探测装置被视为 FuG CI 雷达的继承者。德律风根预测其输出功率为 2.5 千瓦，探测距离为 300 至 4000 米。其搜索角度为水平方向 120 度，垂直方向 100 度。在理想状况下，夜间战斗机可以借助其在飞行方向上对一块 7 公里×5 公里×4.5 公里的区域进行扫描。此外，梅塞施密特还计划为夜间战斗机安装一个面向后方的雷达，以确保其及时发现并规避来自后方的威胁。

1942 年 11 月 6 日 13 点 08 分，首架 He 219 原型机在亨克尔公司众多研发人员热切的注目下展开了它的翅膀。公司首席试飞员皮特·高特霍德驾驶机身号为"VG+LW"的 He 219 V1 进行了滞空时间约为 10 分钟的首次试飞。试飞总体上很成功，但也发现了纵向略欠稳定的缺点。11 月 16 日，卡姆胡贝尔中将亲自观看了 V1 号原型机的飞行演示。

1943 年 1 月 3 日，He 219 V1 迎来了诞生后的第一次挑战，在米尔希的授意下，它要跟容克斯公司的 Ju 188 共同进行新机的论证飞行。试飞

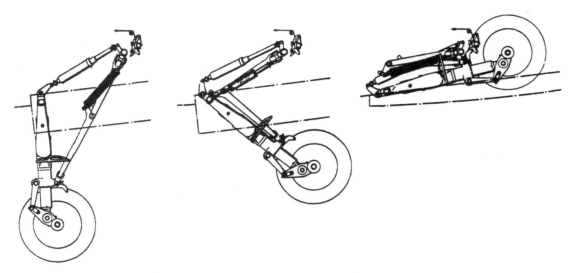

He 219 主起落架的回收示意图。

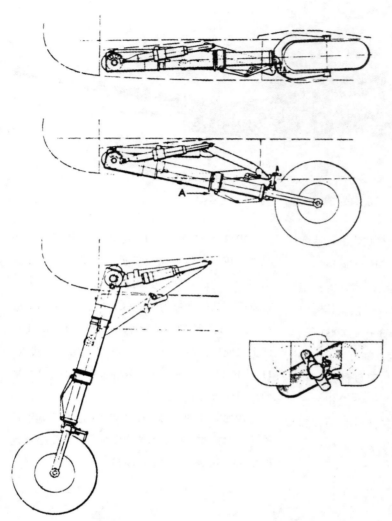

He 219 机鼻起落架的回收示意图。

后机身必须延长 0.94 米。而这必然危及试飞计划的延续性，甚至整个项目都要因此延后。亨克尔因此向 He 219 项目主管瑞齐曼悬赏，如果他能用两周时间完成改动的话，就能获得 3000 帝国马克的奖金，在两周之内每缩短一天就能另外再得到 2000 帝国马克！所谓"重赏之下必有勇夫"，整个改进工作从 2 月 10 日开始，到 19 日正式结束，并获得了极佳的效果。瑞齐曼本人就获得了 1 万帝国马克奖金，在 V7 号机开始制造以前，新机身已经成了一种标准设计。

He 219 机载武器系统的测试起初在佩内明德试验场进行。V1 号机机翼的翼根处安装了两门 20 毫米 MG 151 机炮，座舱后部安装了一挺活动式的 13 毫米 MG 131 航空机枪，这是典型的"容克斯"或"道尼尔"经典配置布局，用来取代原定配备的双联装 FDL 131Z 遥控航空机枪。

的结果令亨克尔公司大为揪心。当日，Ju 188 的最高速度比 He 219 V1 每小时快了近 30 公里。事后得知，容克斯要了一个小伎俩，其送来的 Ju 188 样机已经拆除了包括航空炸弹挂架的机体内设备，是一架不折不扣的"减重改造机"，当然这并不符合全装备原型机的评审条件。

针对 He 219 V1 暴露出的稳定性问题，技术人员更改了其垂直尾翼的面积，比最初试验时扩大了 2 倍，但问题依然没有完全解决，看来根本的解决办法只能是延长后机身。经过计算，

He 219 V1 携带上述武器时，起飞重量为 11.75 吨，最大飞行速度为每小时 615 公里（比设计最大速度降低了每小时 15 公里），最大爬升速率为每秒 8.2 米，以每小时 484 公里的巡航速度可以达到 2300 公里的航程。V1 号机后期试验主要集中在机腹武器舱内安装的 30 毫米 MK 108 航炮上。由于开始时炮舱没有设置任何排烟装置，因此火炮在连续射击后产生的大量

烟雾会残留在炮舱内，造成压力过大，最终有可能导致炮舱结构的扭曲和损坏。

1943 年 3 月 23 日，另一位德国空军中的名人也试飞了 V1 号原型机，他就是后来大名鼎鼎的"野猪"部队指挥官赫尔曼少校。他对 He 219 的飞行品质给予了高度评价。

3 月 25 日至 26 日，在卡姆胡贝尔的直接参与下，He 219 V1 和 Ju 188 重新进行了一场公正的飞行测试。帝国航空部的专家严格确认了两架飞机机载设备是否符合设计规格，并令其采用相同的燃油。测试结果令包括卡姆胡贝尔和亨克尔在内的"雕鸮"拥趸大大松了一口气。He 219 全面胜出。其在各高度上的最大平飞速度比 Ju 188 每小时快 25 至 40 公里。原先最令人担心的机体制造工艺，经过严格计算，He 219 的单机生产成本仅是 Ju 188 的三分之二。至此，He 219 的研制开发才有些"拨云见日"。

He 219 V1，工厂编号 219001，在罗斯托克-马林艾厄的工厂内拍摄。在拍摄这些照片的时候，该机的机身线条已经被修改，取消了安装炮塔的阶梯状机身，螺旋桨也从四叶改为三叶，而且它的机身号是 VG+LW，这意味着这些照片是在 1943 年 1 月之后拍摄的。不过，该机仍然采用了当时标准的 RLM 71/65 迷彩涂装。下图为 VG+LW 机的正面图。

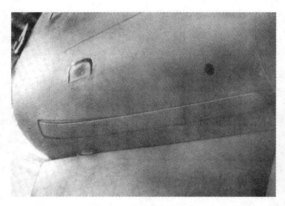

可以收回的入口梯子和自动闭合的踏板，提供了进入驾驶舱的通道。通过梯子舱门后上方的孔，地勤人员能够接触到梯子的锁定/解锁装置。

仪表板和内部挡风玻璃，注意装甲遮阳板向前折叠。前部装有 Revi 16B/G 型反射式瞄准具。

从飞机的左舷看驾驶舱区域。入口梯子处于缩回的位置。这架飞机已经安装了机头整流罩，包括 FuG 212 天线的基座，并被涂成了哑光黑色。

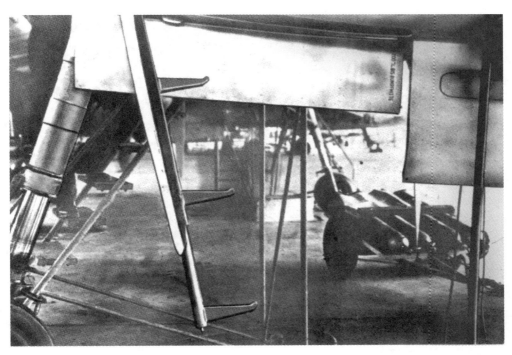

入口梯子处于伸展状态。在收回之前，底层梯子被推到第二层梯子上并进行锁定。

位于装甲玻璃内、挡风玻璃前的装甲遮阳板。在"蚊式猎手"系列中，为了减轻重量，这块装甲板被拆除。

飞行员在 He 219 上的位置。所有的仪器和控制装置都被放置在飞行员视野清晰、易于触及的地方，这是 He 219 设计的创新点之一。

驾驶员右舷控制台。可见的是三个保险丝盒、供氧设备、仪表控制台起动和辅助起动开关，还有燃油表和燃油警告灯。

飞行员驾驶舱左舷控制台的指示灯面板。被用来监测起落架和着陆襟翼的位置。绿灯表示襟翼或起落架的某一部件已缩回，红灯表示襟翼或起落架已放下并锁定。

弹射座椅导轨安装处，两个密封圈都已被拆除。

这种可抛弃式座舱盖被安装在所有双座型的 He 219 上。

照片中的蓄能器为飞机的 8 轮制动器提供了必要的压力油储备。它直接位于第 9 舱段和第一个机身油箱之间。即使蓄能器停止工作，只要有足够的循环压力，并且至少有一台发动机在运转，机轮着陆仍然可以安全进行。

位于雷达操作员位置后面第一个机身盖板下的是三个机身油箱中的第一个，可以容纳 1100 升的 B4 航空汽油。

三个机身油箱的中间油箱可以容纳 500 升的燃料，和所有飞机的油箱一样，是自封闭的。照片是从后向前拍摄的。

He 219 A-012 的前座舱装甲的特写照片。

9a 舱段框架的分离点。整个驾驶舱组件都用螺栓固定在这个框架上。

这个入口舱门位于所有 He 219 的后机身中。地勤人员可以利用其进行维修。后来，技术人员利用其安装了"斜乐曲"武器系统。照片是从后向前拍摄的。

机组人员面罩的氧气被装在这些球状的罐子里，它们被安装在机身顶部、入口舱门的上方。

He 219 原型机机身和机翼进行组装时的情景。

被称为"卡奇尔炉"的辅助加热器在测试阶段给亨克尔的工程师们带来
了很多麻烦。图中可以看到后机身上装有一台这样的加热器。针对
He 219 坠毁原因所进行的总结中就包含此类加热器的故障问题。

控制副翼移动的部件。

尾翼控制单元，包括驱动杆和连接的控制杆，位于后机身加热器的正前方。

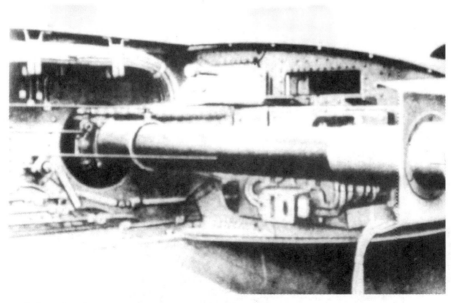

安装在右翼根部的 MG 151/20 机炮的排气管和支架。

通过一个打开的维修面板来查看控制副翼的部件。

一架 He 219 A-0/R3 的机腹侧面武器舱。通过打开的面板可以看到 MK 103 机炮的安装情况。

通过后机身顶部的检修面板，可以看到升降机锁定装置和联接轴的通道。

发动机上部维修面板关闭时的情景。

发动机上部的维修面板打开。上面的文字是"注意！烫伤危险"。

从右舷发动机机舱下方看到的处于开放状态的发动机冷却管。注意消焰器的安装位置（底部）。

拆除车轮后的主起落架。注意制动线和制动软管的位置。

该伺服电机通过移动连接在冷却鳃上的环来改变前者的位置。

拆除整流罩底部的检修面板后，就可以看到 DB 603A
发动机了。较大的软管是冷却液循环系统的一部分
（照片最左边）。

He 219 的右舷主起落架。

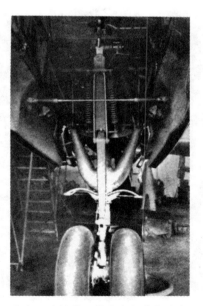

这张照片提供了带有主起落架和起
落架连接点的机轮舱的良好视角。

拆除起落架舱门后的左舷机轮舱的照片。

主起落架释放伺服装置安装在机轮舱的主梁上。

回收汽缸与主起落架连接点。

两个滑油箱(每个 85 升)被安置在机轮舱内，并被铆接在机翼结构上。

用于机鼻起落架的蓄能器，并附有液压压力表。

从机鼻起落架舱向前看去的情景。机鼻起落架的支撑腿还没有安装。

He 219 A-0 的机鼻起落架。注意 FuG 220 天线支架。

## 第 3 节　系列生产计划

早在 1942 年 6 月 25 日，帝国航空部提出建议，即现在可以大规模投产 He 219 了，从 1943 年开始，每月产量达到 200 架。据预计，首批 20 架 He 219 预生产型的制造任务将于 1943 年 4 月完成。针对预生产及后续型号的大规模制造计划，亨克尔公司提出了以下建议：

1. 在马林艾厄工厂从事预生产型的制造。

2. 后续系列的生产制造将在马林艾厄和梅莱茨（Mielec）工厂进行。

然而，帝国航空部的计划部门却另有其他想法：

1. 梅莱茨工厂被指定用于其他生产任务。

2. 考虑到空袭的威胁，在马林艾厄制造 He 219 是不可取的。

3. He 219 的预生产型（A-0 型）将在施韦夏特制造。按许可证生产的工厂，其最终制造数量尚有待确定。

不过，此时 He 219 究竟采取何种动力装置仍然是一个悬而未决的问题。1942 年 3 月 11 日，戴姆勒-奔驰公司通知亨克尔，由于开发和生产的延误，原定提供的 DB 603G（或 DB 614）发动机只能更换为可靠性较高的 DB 603C 发动机，而 DB 603C 只不过是将 DB 603A 发动机的减速比降低到 1∶1.7 的微改型。即便如此，供原型机使用的发动机也要在 1942 年 8 月才能提供。亨克尔只有利用 3 月到 8 月这段时间来改进设计和测试液压驱动炮塔。试验结果显示，在未来的飞机上还是拆除液压炮塔比较好，其液压系统在高速飞行状态下驱动功率不足、维修困难，而且增加了飞机的重量。火力下降的损失可以通过其他方法弥补，比如将机腹下的攻击武器调整为四门航炮。在翼根处再安装两门 20 毫米 MG151 航炮，弹药则储存在机身中部。

1943 年初 He 219 V1 的一次飞行试验，该机仍然采取昼间战斗机的迷彩涂装。

事实上，整个 He 219 的开发合同包括飞机的试飞都是以"驱逐机"计划的名义进行的。根据计划，将要制造的原型机包括：V1、V1 Ers（Ersatz，德语中"替代"的意思），V2、V3、V3 Ers、V4、V5、V5 Ers、V6、V7、V7 Ers 和 V8。到 1943 年 6 月 25 日，整个计划的原型机减到了 4 架，即从 V1 到 V4。不过，事实上，共有 20 架 He 219 A-0 测试型号生产了出来，并重新以 V 编号来命名。

在 He 219 研制期间，皇家空军已经开始在夜间轰炸中使用先进的四发大型轰炸机。德国夜间战斗机部队的压力日渐沉重，尤其是各夜战部队的战斗机数量远远未达到充足的程度。早在 1942 年 8 月 17 日，卡姆胡贝尔中将就曾来到曼瑞纳亨，希望能推进 He 219 的发展步伐，在 1943 年 4 月 1 日可以将新飞机装备各个夜间战斗机联队。但他意外地得知飞机依旧处于开发阶段。帝国航空部技术局甚至连正式量产的订单都还没发给亨克尔公司！即使马上开始弥补这一切，在 1943 年 8 月之前还是不能开始交付飞机。

这一问题的本质还是纳粹德国空军高层长期以来对于总是急于采用各种超前技术、缺乏实用性的亨克尔式设计方案疑虑重重，再加上

从这张照片可以看出，He 219 V1 最初安装着两具四叶螺旋桨，后来（约 1943 年中期）更换成了三叶螺旋桨。

此前 He 177 轰炸机在测试过程中发生的各类故障更是增添了其对亨克尔公司的不信任，最后也不能排除米尔希与卡姆胡贝尔和亨克尔等私人关系恶劣的因素。但无论如何，米尔希手中握有否决 He 219 的底牌。

接下来，又出现了一系列令人困惑的 He 219 亚型。原计划作为高速轰炸机的 A-1 系列，在开始量产之前就被取消了。第一种交付德国空军的战斗机版本实际上与后来的 A-2 系列基本相同，然而，因为它延续至预生产系列，而被继续命名为 A-0 型。装备 He 219 的部队实际上获得了 A-0 型的飞行员说明和操作手册，从 1944 年 11 月开始，亨克尔的设计团队又设计生产了 "A-7" 型。

## 初期验证机——He 219 V 系列

第一架 He 219 成功试飞之后，亨克尔公司开足马力制造了一大批初期验证机，用于试验各种技术和装备。

1943 年 1 月 10 日，V2 号原型机（机体工厂编号 219002，机身号 "GG+WG"）抵达试飞场地。从 V2 号机开始，He 219 的所有机身都是在波兰的米莱克工厂建造后用 Me 323 巨型运输机运往施韦夏特进行总装的。在空军雷希林测试中心，另外一些空军飞行员应邀对 He 219 进行了更多测试。

1 月 15 日，第 1 夜间战斗机联队第一大队的著名夜间空战王牌维尔纳·斯特赖布少校在试飞后对 He 219 赞不绝口。由他亲自撰写的测评报告经由卡姆胡贝尔上将直接转交给了戈林。在各方面的好评下，戈林终于同意每月生产 100 架 He 219。然而，He 219 V2 很快就在一次测试飞行中坠毁了，关于这次事故没有任何资料留存下来。直到 1943 年 1 月 15 日，包括 V1 和 V2

在内的两架原型机已经试飞了 46 次，累计飞行时间达到了 30 小时 40 分。测试中，He 219 的最大平飞速度达到每小时 615 公里。这两架飞机以及其后的 V3 和 V4 号飞机都是在曼瑞纳亨开始制造，最后在施韦夏特完成总装工作的。

1943 年，V3 号的原型机（工厂编号 219003）开始试飞，V3 号机的主要任务是验证梅塞施密特开发的一种新型发动机舱和单片整体式起落架（不采用通常的折叠形式）。副翼控制的测试也在 V3 上进行。V3 号机表面涂有空军标准色 RLM 22（暗黑色），机身号 "VG+LV" 为 RLM 77（浅灰色）。

V4 号原型机（工厂编号 190004，机身号 "VG+LX"）与 V3 试飞的时间大致相同。它是第一架安装 FuG 202BC "列支敦士登" 机载雷达的原型机，机头安装有四组小型的雷达天线。V1 原型机在不久后也追加安装了此类雷达。V4 号机的机体是重新设计的，机腹下没有阶梯状的起伏，这是因为腹部武器舱此时已经被取消了。V4 号机在空军雷希林测试中心主要被用于试验发动机，后来在一次事故中受损后报废。

1943 年 5 月，V5 号机在纳塔维兹进行了武器系统测试。其正面火力配置为 6 门 20 毫米 MG 151 航炮（翼根两门，机腹两门，机背两门）。5 月底，技术人员利用四门长身管的 MK 103 航炮替换了 MG 151 航炮。MK 103 航炮的初速和威力都大于当时德军的另一种主力大口径机炮——MK 108，但缺点是重量实在太大——V5 号机的整个机炮系统重达 832 千克。值得一提的是，在预生产阶段，He 219 A-0/R1 使用的是 MK 108，其后的 He 219 A-0/R2 等使用的是 MK 103。尽管炮口初速低，弹道曲线也较差，但 MK 108 在部分飞机上取代了 MK 103，最主要的原因是其总重只有后者的 40%。另外，V5 号机同时试验了四叶螺旋桨和 Fug 202BC 机

最初，技术人员打算将 He 219 V6 送往前线进行实战测试，但后来该机被转往雷希林测试中心，在那里它参加了弹射座椅试验。

载雷达。该机表面同样涂装 RLM 22（暗黑色），起落架部分是 RLM 02（灰色），尺寸较小的"V5"字样用 RLM 77（浅灰色）标注于机鼻处。

V6 与 V5 号机一起在塔纳维兹进行武器系统测试。

来自拉茨测试飞行队的沃尔特·沃格勒中士正在登上 He 219 V6 的情景。从标准驾驶舱的玻璃上可以看出，这张照片是在进行弹射座椅试验之前拍摄的。

V7 和 V8 这两架原型机在 1943 年 5 月被运送到第一夜间战斗机联队位于荷兰芬洛（Venlo）的基地内进行实战测试。两架飞机总共宣称击落了多达 20 架皇家空军飞机，大多为轰炸机，但也有 6 架德国夜间战斗机部队的死敌——蚊式！

V9 原型机非常著名，可以认为它是"He 219 无敌神话"的起源。1943 年 6 月 11 日至 12 日夜间，第 1 夜间战斗机联队第一大队的指挥官维尔纳·斯特赖布少校驾驶的 V9（机身号"G9+FB"）号机安装了 FuG 202"列支敦士登"B/C 雷达，创造了一夜宣称击落 5 架兰开斯特轰炸机的纪录。

V11、V12、V13 这三架预生产型飞机主要用来测试新的 DB 603E 发动机。该型发动机配有改进过的增压器和 GM-1 氮氧化合物喷射系统。由于生产方面的原因，DB 603E 发动机最终只安装在 V12 号机上。V11（工厂编号为 310189）是 He 219 A-0/R6 的原型机，采用了与 A-1 系列相同的武器配置：翼根处有两门 20 毫米 MG 151 航炮，机腹两门 30 毫米 MK 108 机炮。后来该机在着陆时发生了事故，但得到了修复，并与 V16 号机一起参加了 He 219 A-5 项目的测试。V13 号机安装的是常规的 DB 603A 发动机。

最初，技术人员利用 V16 号机对 He 219 的设备和武器作总体测试。后期则接替 V20 和 V22 号原型机进行 He 219 A-5 项目的测试，其后部的 MG 131 机枪被取消。

V19 号机是第一架搭载"斜乐曲"系统的 He 219，该机于 1943 年 8 月展开测试。"斜乐

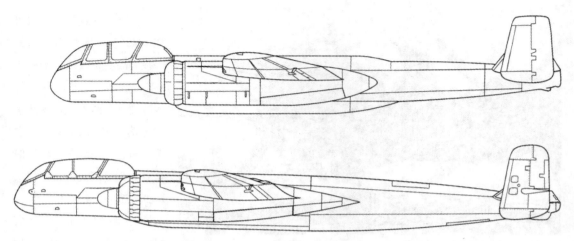

上图：在首飞时，He 219 V1 的配置包括较短的机身，较短的发动机舱，以及较小的机翼和方向舵。下图：He 219 V2，机身被加长，其形状被修改，取消了上下的台阶，发动机短舱被加长，尾翼形状也被修改。

曲"系统由呈 65 度角向斜上方布置的两门 30 毫米 MK 108 机炮（每门配弹 100 发）组成，可以从下方攻击敌军轰炸机无防御的机腹。该系统与"列支敦士登"SN-2 机载雷达相配合，从 1943 年年末起，便成了皇家空军轰炸机机群的噩梦。

V20 及 V22 是 He 219 A-5 的原型机，两架飞机均按照 R-2 标准配备的装备。V25、V26 及 V27 是安装 DB 603G 引擎的高空夜间战斗机，后改称为 A-7 型。

V28 为 He 219 A-5 项目的测试机，该机用 DB 603A 代替了 DB 603E，按 R-3 标准布置。

V30 也是 He 219 A-5 项目的测试机，但采用 R-4 标准。

## 预生产型和首批量产型——He 219 A-0 和 He 219 A-2 型

由于原定作为昼间侦察机/轰炸机的 He 219 A-1 型（安装 DB 603A 发动机）被取消，因此，其首批大量装备部队的型号实际上是 He 219 A-0 型（预生产型）。A-0 基于 He 219 V7 到 He 219 V12 原型机制造。是一种双座夜间战斗机。其翼展为 18.5 米。安装 2 具 DB 603A 型发动机。武器装备包括：翼根处为两门 20 毫米 MG 151 机炮；机腹武器舱内为 四门 30 毫米 MK 108 机炮。

值得一提的是，每架 He 219 A-0 都有自己独特的 A-X 编号。第一架 A-0 型（工厂编号 190051）是 He 219 A-01，第二架（工厂编号 190052）是 He 219 A-02，以此类推。当然，这个编号系统适用于 He 219 A-0106（最后一架施韦夏特生产的 A-0），但超过这个时间点，情况就不确定了。似乎 A-0107 到 A-0120 也是为施韦夏特保留的，但最终并没有投产。至于在罗斯托克生产的 He 219 A-0 型，其编号情况同样不甚清晰，以往的资料说它们可能的编号为 A-0121 至 A-0135，但迄今为止还没有找到可以进一步说明这一问题的官方文件。另外，为了避免浪费，某些 V 系列的测试机也被列入 A-0 型当中，且得到了新编号，例如，He 219 V7 就是 He 219 A-010；He 219 V18 就是 He 219 A-021，具体规则见表格。

| He 219 V 系列 | | | | |
|---|---|---|---|---|
| V 编号 | 工厂编号 | 机身号 | A-0 编号 | 特 征 |
| V1 | 219001 | VG+LW | | 用于各项基本测试，对 DB 603 发动机的进气道也进行了测试 |
| V2 | 190002 | GG+WG | | 主要用于俯冲测试，1943 年 7 月 10 日在执行任务时失踪。后被 He 219 V11 替换 |
| V3 | 190003 | GG+WH | | 用于一般性能测试，排气管消焰器测试和热水加热(驾驶舱)测试 |
| V4 | 190004 | DH+PT | | 用于动力装置试验(发动机和螺旋桨) |
| V5 | 190005 | DH+PU | | 用于武器系统测试 |
| V6 | 190006 | DH+PV | | 最后的短机身机型，主要用于进行无线电测试以及弹射座椅测试。原本打算被送往前线，后取消 |
| V7 | 190007 | DH+PW | 无 | 第一架延长后机身的 He 219。于 1943 年 5 月被派往芬洛的第 1 夜间战斗机联队第一大队，用于实战测试 |
| V8 | 190008 | DH+PX | | 用于起落架测试。于 1943 年 5 月被派往芬洛的第 1 夜间战斗机联队第一大队，用于实战测试 |
| V9 | 190009 | VO+BA | | 于 1943 年 5 月被派往芬洛的第 1 夜间战斗机联队第一大队，用于实战测试。1943 年 6 月 11 日—12 日夜间损毁 |
| V10 | 190010 | VO+BB | | 于 1943 年 7 月被派往芬洛的第 1 夜间战斗机联队第一大队，用于实战测试。1943 年 9 月 5 日至 6 日在战斗中损失 |
| V11 | 190011 | VO+BC | | 用于一般操纵测试和俯冲测试。通常被认为派往前线。其装备的弹射座椅系统经过改装，并带有"死人手"尾部制动伞 |
| V12 | 190012 | VO+BD | | 被派往芬洛的第 1 夜间战斗机联队第一大队，用于实战测试。1944 年 2 月 25 日损失 |
| V13 | 190052 | PK+QB | A-02 | 被派往雷希林测试中心进行测试，主要测试紧急抛油和热水加热系统。1944 年 3 月 28 日损失 |
| V14 | 190058 | PK+QH | A-08 | 将燃料箱安装在发动机短舱后部的原型机 |

| V 编号 | 工厂编号 | 机身号 | A-0 编号 | 特　　征 |
|---|---|---|---|---|
| V15 | 190064 | RL+AD | A-014 | 被派往雷希林测试中心进行测试。主要测试 GM-1 氮氧化合物喷射系统，两台发动机只安装一具该装置，另对 FuG 16ZY 无线电/战斗控制系统进行了测试，并被派往前线进行了实战测试 |
| V16 | 190193 | BE+JF | A-079 | 对 Jumo 222 发动机（反向旋转）进行测试。采用四叶螺旋桨 |
| V17 | 190060 | PK+QJ | A-010 | 蚊式猎手。从 1944 年开始，在其 DB 603A 发动机安装"G"型增压器，并展开试验。1943 年，进行了喷气式发动机搭载试验 |
| V18 | 190071 | RL+AK | A-021 | 指定用于试验 6 门 30 毫米机炮。后来改为三人座舱。后在发动机短舱后面增加了新的副油箱 |
| V19 | 没有继续进行 | | | 增压座舱，DB 603 发动机，加长的发动机舱 |
| V20 | 没有继续进行 | | | 增压座舱，DB 603 发动机，加长的发动机舱 |
| V21 | 190117 | DV+DM | A-046 | 亨克尔工厂保留，用于 DB 603A 发动机试验以及排气管消焰器测试 |
| V22 | 没有继续进行 | | | 戴姆勒-奔驰工厂保留，用于 DB 603A 发动机试验以及排气管消焰器测试 |
| V23 | 不详 | 不详 | 不详 | 规格与 V16 相同 |
| V24 | 没有完工 | | | 在机腹武器舱内安装两门 30 毫米 MK 103 机炮。搭载 BMW 003 型喷气式发动机 |
| V25 | 190122 | DV+DR | A-051 | 对电传系统进行了简化，采用单芯电缆的原型机 |
| V26 | 19120 | DV+DP | A-049 | 首次在机背上安装"斜乐曲"武器系统的原型机。于 1944 年 6 月 11 日损失 |
| V27 | 疑似未完工 | | | A-2 机身，翼展 21.6 米，Jumo222 E/F 发动驱动 4 叶螺旋桨 |
| V28 | 190068 | RL+AH | A-018 | 被亨克尔公司自留，并用于发动机耐久性试验。于 1944 年 6 月被派往第 1 夜间战斗机联队第一大队进行实战测试 |

续表

| V 编号 | 工厂编号 | 机身号 | A-0 编号 | 特　征 |
|---|---|---|---|---|
| V29 | 190069 | RL+AI | A-019 | 用于热水加热和除冰试验 |
| V30 | 190101 | RL+AT | A-030 | 被派往雷希林测试中心进行测试。对机腹安装的 BMW 003 喷气发动机进行试验 |
| V31 | 190106 | DV+DB | A-035 | 亨克尔工厂暂时保留以测试机身强度。另对 DB 603G 发动机进行了测试 |
| V32 | 190121 | DV+DQ | A-050 | 被派往雷希林测试中心进行测试。对 GM-1 氮氧化合物喷射系统进行测试 |
| V33 | 190063 | RL+AC | A-013 | 指定用于抛物面雷达天线（可能是 FuG 240"柏林"）的安装测试 |
| V34 | 190112 | DV+DH | A-041 | 换装 3 人座舱 |
| V35 和 V36 | | 未完工 | | 3 人座舱，换装 DB 603E 发动机，木制机翼和木质尾翼 |
| V37 和 V38 | | 未完工 | | 3 人座舱，换装 Jumo 222E/F 发动机，木制机翼和木质尾翼 |
| V39 和 V40 | | 未完工 | | 与 V 27 配置相同 |
| V41 | 420325 | 不详 | 不详 | 采用 A-2 机身 Jumo 213 E 发动机和 MW 50 加力系统。1945 年 3 月 20 日至 21 日夜间在战斗中损失 |
| 无 | 190051 | PK+QA | A-01 | 被派往"拉兹试飞大队"（Erprobungskommando Larz）进行耐久度测试 |
| | 190055 | PK+QE | A-05 | |
| | 190057 | PK+QG | A-07 | |
| | 190059 | PK+QI | A-09 | 被派往雷希林测试中心进行测试。主要测试发电机 |
| | 190061 | RL+AA | A-011 | 1944 年 2 月 1 日被派往雷希林测试中心进行测试。1944 年 6 月 16 日损失 |
| | 190062 | RL+AB | A-012 | 被派往雷希林测试中心进行远程飞行测试 |
| | 190066 | RL+AF | A-016 | 雷达测试 |
| | 190113 | DV+DI | A-042 | 被派往雷希林测试中心进行弹射座椅测试 |
| | 290062 | CS+QI | 不详 | 被派往雷希林测试中心，对 MeP 8 型可变距螺旋桨进行测试 |

米尔希将军的笔记显示，He 219 的生产始于 1943 年 8 月初的罗斯托克亨克尔工厂。不过，第一架制造完成的 A-0 型离开工厂后，直到 1944 年 4 月 30 日才交付给第 1 夜间战斗机联队第一大队，这表明该机型的启动阶段是相当漫长的。早期的生产阶段主要是制造零件和子组件，这些零件和子组件被送往梅莱茨，在那里进行机身组装。

帝国航空部的技术人员在现场观察亨克尔公司在马林艾厄进行的 Ju 188 和 He 219 对比飞行演示。

He 219 的首批正式量产型是满足前线部队紧急需要的 He 219 A-2 型，也是专用的夜间战斗机。A-2 型的原型机为 He 219 A-0/R3，采用与 V3 型相同的延长发动机舱，机体内携带 2700 升燃油。相比于 A-0 型，其配有形状更加扁平的座舱盖。

1943 年 8 月，第一架量产型 He 219 A-2 正式下线，其主要性能如下：实用升限 9300 米；最大平飞速度每小时 560 公里（在 5700 米高

He 219 V5（GE+FN）。这架原型机被雷希林测试中心用于测试 MK 103 机炮，并作为四叶螺旋桨的 Jumo 222 发动机的试验平台。

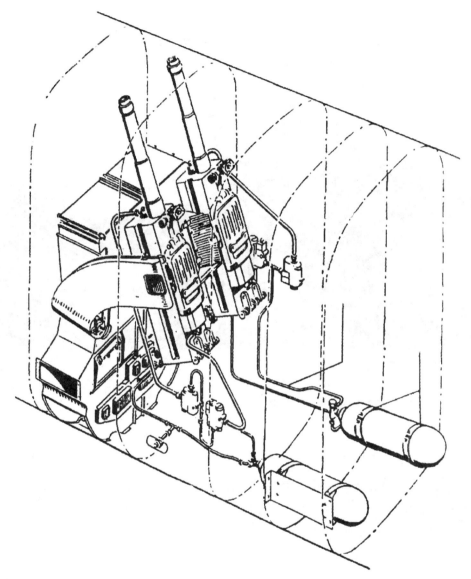

"斜乐曲"机背武器系统，专门用来攻击敌方重型轰炸机的软腹部。

度），最大航程 2100 公里。亚型 A-2/R1 的机载武器系统为：左右翼根内侧的 20 毫米 MG 151 机炮，各两门，机腹内 30 毫米 MK 103 航炮两门；机背"斜乐曲"30 毫米 MK 108 机炮两门。A-2/R2 则将翼根处的武器改为两门 MK 108 机炮，另外在机腹武器舱下安装一个 900 升的外挂副油箱架。

　　1943 年 8 月 18 日，帝国航空部计划采购多达 200 架 He 219 A-2。在戈林的压力下，米尔希元帅也于 9 月 17 日下达命令，同意投产 He 219。鉴于 He 219 V 系列原型机在夜间空战中的优异表现。1943 年 12 月，帝国航空部决定将 He 219 A-2 的提升至 100 架。不过，由于 DB 发动机和某些生产原材料将被优先供应给 Me 410，再加上亨克尔公司内部的生产安排以及缺乏熟练技术工人等多方面不利因素的影响，

这是唯一一张已知第十夜间战斗机大队 He 219 飞机的照片。照片中机械师赫尔曼·克劳瑟
站在一架 He 219 A-0 的机鼻之前。值得注意的细节包括机头侧面的夜间战斗机部队标志和
FuG 212 雷达天线下方的字母 F 和数字 05。

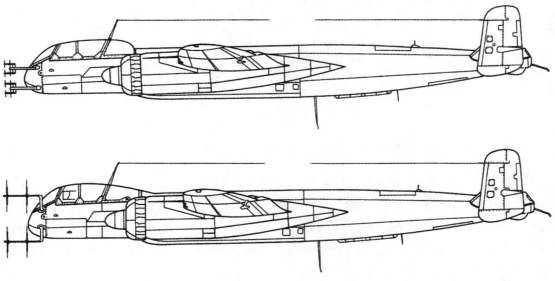

上图：He 219 A-09，是一架装备有 FuG 212 型雷达的预生产型。斯特赖布少校就是驾驶该机展开了这种机
型的首次实战测试。下图：He 219 A-0/A-2 型均装备了 FuG 220 型雷达。这两种亚型的 He 219 基本相同，
只是座舱盖形状略有区别。

生产并未按照计划进行，He 219 A-2 的实际月产量仅仅为大约 10 架。

1943 年 10 月，He 219 A-2/R1 正式装备空军部队。第一批生产型安装有 FuG 212 "列支敦士登" C-1 雷达。这种雷达的有效探测距离为 4~6 公里，但只能捕捉位于前方 70 度圆锥角内的目标，所以非常依赖地面的 "天床" 引导和控制系统。后期的 A-2 型装备了 FuG 220N-2 型雷达，其特征是有四根巨大的鹿角状天线，该型雷达的有效探测距离约为 4 公里，可以有效破解英军的 "谷糠" 电子干扰战术。有些先交付的 He 219 尽管后来安装了 SN-2 雷达，但仍保留了 C1 雷达，因为其在近距离时探测更为准确，不过这样机头就会塞满了天线，造成飞行速度下降。

到 1943 年年底，共有 26 架 He 219 A-2/R1 飞机交付使用，主要配属第 1 夜间战斗机联队（NJG 1）。早在 V7、V8 和 V9 三架原型机进行实战测试取得不俗战绩后，卡姆胡贝尔就利用希特勒先前授予的特权，将绝大部分新出厂的 He-219 A-2 调配给最接近皇家空军夜间轰炸机突袭航线的第 1 夜间战斗机联队，并在部队物资、人员调配和出击时机上给予这支部队特权。

## 遭遇挫折——夭折的 He 219 A-3 型和 A-4 型

1943 年年底，正当一切稳步进行的时候，一向对亨克尔和卡姆胡贝尔很厌恶的 "笑面虎" 米尔希又对 He 219 项目出招了。首先，负责整个西线夜间防御的第 12 夜间战斗航空军被解散，卡姆胡贝尔从此失去了实权，亨克尔也丧失了与前线部队直接交流的机会。

于是，1943 年年底，米尔希授意帝国航空部对亨克尔下了囊括三个选项的 "最后通牒"：第一，达到每月 100 架 He 219 的生产能力；第

二，在施魏切特每月生产 50 架 He 219，在曼瑞纳亨转产相同数量的 Ju 88 G；第三，停止生产 He 219，在曼瑞纳亨转产 Ju 88 G，在施魏切特转产 Do 335 "箭"（此时连一架原型机都还没有生产出来）。

此前，亨克尔为了扭转米尔希对于 He 219 只能作为夜间战斗机、用途单一的不良印象，曾在 1943 年秋季向帝国航空部递交两份新方案，包括装备 DB 603G 发动机，三人机组座舱的 He 219 A-3 型战斗轰炸机；以及延长外侧机翼、安装 Jumo 222 发动机的 He 219 A-4 型高空侦察/轰炸机。但米尔希并没有被这两份方案打动，他以 "没必要增添额外的生产负荷" 为理由，几乎没有进行任何论证便否决了这两份方案。

为了拯救这场危机，卡姆胡贝尔先是劝说亨克尔接受米尔希 "最后通牒" 的第二个选项，以将 Ju 88 G 列为更高优先级的举措来维持 He 219 的生产，紧接着，他又与德国空军昼间战斗机部队总监阿道夫·加兰德一起游说米尔希，要求其给夜间战斗机部队提供更多的优秀装备，并提出了 "雕鸮" 的增产建议。鉴于当时 Ju 88 G 还没有进入实战状态，而且其前景也未必就能超过 He 219，所以米尔希只能勉强同意每月 50 架的产量，He 219 诞生以来最大的一场危机总算被解除了。

## 新的改进——He 219 A-5 型

在卡姆胡贝尔的推动下，亨克尔继续发展 He 219 的后续夜战型。不久后，He 219 A-2/R1 的后续型号——He 219 A-5 诞生了。A-5 型最初安装的是与 A-2 型号相同的发动机——DB 603A，不过在正式生产时换成了 DB 603E，其使用 B4 燃料时输出功率为 1800 马力，使用 C3 燃料时输出功率为 2150 马力。理论上，A-5 型在起飞

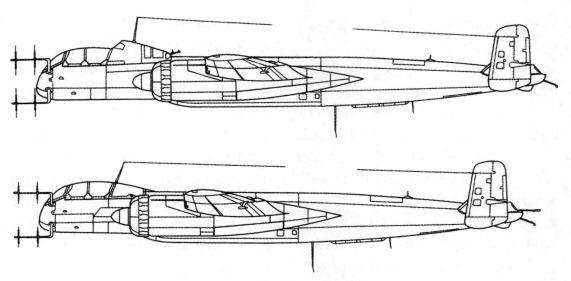

上图：He 219 A-5，相比 A-7 型更加修长，配有 3 人驾驶舱和后射机枪，曾装备第 1 夜间战斗机联队第一大队。下图：He 219 A-7，He 219 最后的生产版本，配备 DB 605G 或 Jumo 213 发动机以及 FuG 220 型尾部报警雷达。

时，DB 603E 发动机可以使用 C3 燃料和 MW 50 加力达到 2400 马力的输出功率，但实际上没有任何一架 A-5 曾经达到过这一数值。此外，A-5 型螺旋桨轴的位置向前移动了 85 毫米，螺旋桨轴罩的尺寸也有所扩大，流线型的驾驶舱盖在降低框体高度后减少了空气阻力，因此其最大平飞速度比 A-2 每小时提升了 20～30 公里。其实用升限为 9400 米，最大平飞速度达到每小时 585 公里（高度 7400 米），最大航程 2850 公里。A-5 系列在翼根处和机背处的武器系统与 A-2 型相同。A-5 系列各亚型区别在于机腹武器舱的配置不同，其中 R1 为两门 MK 108 机炮；R2 为两门 20 毫米 MG 151 机炮；R3 为两门 30 毫米 MK 103 机炮；R4 的改动较大，其机身前段向前延伸了 800 毫米，驾驶舱后部增加一名机组成员，负责操纵向后射击的一挺 13 毫米 MG 131 航空机枪。并且在左右发动机舱尾部空间内各加装了容量为 395 升的油箱，以增加航程，其最大平飞速度因此每小时下降了 35 公里。He 219 A-5/R4 只生产了一架原型机。

## "蚊式猎手（Moskitojager）"He 219 A-6 型和 A-7 型

随着 He 219 A-2 和 A-5 两种新型专用夜间战斗机相继入役，事实证明，其的确没有辜负设计者和拥护者的期望，不但表现出了出众的性能，战绩也十分优异。不过，较早期的 A-2 型和 A-5 型的初期生产型由于发动机功率不足，在飞行性能方面仍然无法跟皇家空军的蚊式相匹敌。蚊式可谓是德国空军夜间战斗机部队的"天敌"，在它们的护卫下，德机不但很难接近皇家空军的重型轰炸机，而且自身难保，不断被其击落。为了对付蚊式，亨克尔专门开发了 He 219 A-6 型，该型在 A-2 的机体上拆除了座舱防御装甲和两门 20 毫米 MG 151 机炮，只保留翼根和机腹的四门 20 毫米 MG 151 机炮。另外，A-6 型计划换装两台 DB 603L 发动机，该发动机搭配了二级增压器，可使用 MW 50 和 GM-1 加力系统。发动机的最大输出功率 2100 马力，满

He 219 夜间战斗机弹射座椅试验的连续照片。

载起飞重量 11950 千克。发动机性能增强之后，A-6 型的速度和机动性均有所提高，其实用升限为 11400 米，比 A-5 型提升了 2000 米，在 11000 米高空的最大平飞速度预计达到每小时 650 公里。

1944 年春天，"雕鸮"的好日子终于到来了。米尔希的职位被帝国军备部长阿尔伯特·斯佩尔取代，后者将 He 219 列入优先生产的武器名单之中。

然而，事情并没有这么简单，此时，在盟军日夜不停的轰炸之下，德国的军事工业和能源物资供应都受到了极大的破坏。5 月 25 日，戈林在一次航空工业界参加的会议上作出决议，停止生产复杂的 He 219，转而全力生产 Ju 188 的最新改进型——Ju 388 夜间战斗机。不过，前线将士对于戈林的命令并不买账，因为他们现在的主力装备是 He 219 A-5，他们驾驶这种战机取得了令人瞩目的战绩，其远比 Ju 88 系列要活跃，因此戈林的命令最后只能不了了之。

亨克尔工厂在奋力推进 He 219 A-5 型的生产的同时，还在对 He 219 进行持续改进，以提升其性能。根据前线集中反映的 He 219 初期型号发动机功率不足的问题，再加上为了对付夜战部队的死敌——蚊式，必须为"雕鸮"配备新型高性能发动机。亨克尔的技术人员先是采用配有 MW 50 加力系统的 Jumo 213A 发动机安装

在几架 He 219 的机体上以进行测试，但发现其耐用性很差，而且无法在短期内解决此问题。随后，技术人员又测试了 Jumo 222 发动机，但该型发动机同样很不成熟，其冷却系统经常无法正常工作。就在亨克尔工厂技术人员一筹莫展之际，戴姆勒-奔驰公司送来了最新的 DB 603G 发动机，由此，亨克尔工厂才能对 He 219 继续改进。不久后，整个 He 219 家族速度最快的 He 219 A-7 诞生了。

为了对付难缠的蚊式，He 219 A-7 配有双座增压座舱，加装了较厚的防护装甲和防弹玻璃，尽管这使飞机的重量增加了整整 200 千克；在 He 219 A-7 型中，弹射座椅第一次成为了标注配置。值得一提的是，亨克尔的弹射座椅并不是利用炸药引爆的，而是由储存在每个座椅下方葡萄柚大小球形罐阵列中的压缩空气推动。但该系统很容易泄漏，因此，一旦这个气动装置受到损害，弹射座椅就无法操作，大约一半的机组人员在逃生时，依然采用的是常规跳伞。

此外，技术人员还对 He 219 A-7 型的电子设备进行了大幅改进，除了为其配备常规的 FuG 220 机载雷达及 Fu 101 无线电高度仪外，还配备了 FuB 12F 型归航方向指示系统，这也是世界上最早的机场盲降系统。A-7 型的实用升限为 12800 米，最大飞行速度每小时 669 公里（在 7000 米高度），最大航程 2000 公里。

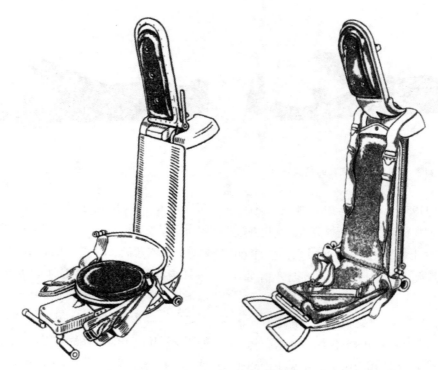

He 219 装备的弹射座椅。其中右侧的为飞行员弹射座椅，大多数 He 219 末期型号就是装备的这种版本；早期型号的弹射座椅更加简化——类似于无线电员的弹射座椅(左侧)。

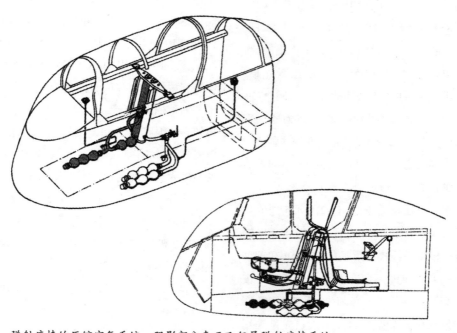

弹射座椅的压缩空气系统。阴影部分表示飞行员弹射座椅系统。

1944 年 12 月，德国空军与亨克尔公司签订了购买 He 219 A-7 的合同，计划到 1945 年 7 月采购 210 架该型战斗机，其中首批 5 架装备 DB 603A 发动机，其余装备 DB 603G 发动机。然而，这时盟军的大规模轰炸已经令德国的所有军工厂失去了生产能力。另外，随着燃料逐渐匮乏，德国空军的出动频率也在陡然下降。两个方面因素导致"蚊式猎手"He 219 A-7 的实际产量非常少。

| He 219A 各亚型机载设备表 | | | | |
|---|---|---|---|---|
| 型号 ( 亚型 ) | 主要特征 | 动力系统 | 武器系统 | 雷达设备 |
| A-0/R1 | 在原型机的基础上延长机身，采用标准预生产型机翼，双人座舱 | DB 603A | 机腹武器舱内：2×MK 108<br>机翼翼根：2×MG 151 /20 | FuG 212 C1 |
| A-0/R2 | 在 A-0/R1 的基础上强化了起落架 | DB 603A | 机腹武器舱内：2×MK 103<br>机翼翼根：2×MG 151 /20 | FuG 212 C1 |
| A-0/R3 | 在 A-0 型的基础上进行了改进，并成为 A-2 型的原型机 | DB 603A | 机腹武器舱内：4×MK 103<br>机翼翼根：2×MG 151 /20 | FuG 212 C2 |
| A-0/R6 | A-5 型的原型机 | DB 603A | 机腹武器舱内：4×MK 103<br>机翼翼根：2×MG 151 /20 | FuG 212 和 220 |
| A-1 | 根据计划，该改型将作为 A-0 的量产型，座舱舱盖较为扁平 | DB 603A/B | 机腹武器舱内：2×MK 108<br>机翼翼根：2×MG 151 /20 | FuG 220 |
| A-2/R1 | A-0 型的改进型，采用单芯电缆，增加了航程 | DB 603A/B | 机腹武器舱内：4×MK 103 | FuG 220 |
| A-2/R2 | 在 A-2/R1 的基础上发展而来，安装了 900-1 型外挂燃料箱，曾计划作为轰炸机使用 | 安装从 DB 603A 到 DB 603G 的机体都有 | 机腹武器舱内：2×MK 103<br>机翼翼根：2×MK 108<br>"斜乐曲"武器系统：2×MK 108 | FuG 220 |
| A-3 | 延续自被取消的 A-0/R6 系列 | DB 603 A/B | 机腹武器舱内：2×MK 108<br>机翼翼根：2×MK 151/20 | — |
| A-4 | 在 A-2 型的基础上发展而来，主要用于执行"猎蚊"任务。侦查型减少装甲和武器，配备 GM-1 氮氧化合物喷射装置 | DB 603 A/B<br>Jumo 222 | 机腹武器舱内：2×MK 103<br>机翼翼根：2×MK 108 | FuG 220 |

续表

| 型号（亚型） | 主要特征 | 动力系统 | 武器系统 | 雷达设备 |
|---|---|---|---|---|
| A-5/R1 | A-3 型的改进型 | DB 603 A | 机腹武器舱内：2×MK 108<br>机翼翼根：2×MG 151/20<br>"斜乐曲"武器系统：2×MK 108 | FuG 212 和 220 |
| A-5/R2 | A-7/R4 型的原型机 | DB 603 A | 机腹武器舱内：2×MG 151<br>机翼翼根：2×MG 151/20<br>"斜乐曲"武器系统：2×MK 108 | FuG 220 |
| A-5/R3 | 生产版本 | DB 603 E | 机腹武器舱内：2×MK 103<br>机翼翼根：2×MG 151/20<br>"斜乐曲"武器系统：2×MK 108 | FuG 220 |
| A-5/R4 | 在 A-5/R1 型的基础上发展而来，换为三人座舱，计划以 V 34 为基础配备防御武器 | DB 603 E | 机腹武器舱内：2×MG 151/20<br>机翼翼根：2×MG 151/20<br>"斜乐曲"武器系统：2×MK 108<br>座舱配备防御武器 | FuG 220 |
| A-6 | 实际上是去除装甲的 A-2 型 | DB 603 E | 机腹武器舱内：2×MG 151/20<br>机翼翼根：2×MG 151/20 | FuG 220 |
| A-7/R1 | 以 V25 为该型的原型机 | DB 603 G | 机腹武器舱内：2×MG 151 和 2×MK 103<br>机翼翼根：2×MK 108 | FuG 220 |
| A-7/R2 | 生产型，原型机为 V26 | DB 603 G | 机腹武器舱内：2×MG 151/20 和 2×MK 108<br>机翼翼根：2×MK 108 | FuG 220 |

续表

| 型号(亚型) | 主要特征 | 动力系统 | 武器系统 | 雷达设备 |
|---|---|---|---|---|
| A-7/R3 | B-1 型的预生产系列，原型机为 V27 | DB 603 G | 机腹武器舱内：2×MG 151/20<br>机翼翼根：2×MG 151/20<br>"斜乐曲"武器系统：2×MK108 | FuG 220 |
| A-7/R4 | A-7/R2 型削减武器而成 | DB 603 G | 机腹武器舱内：2×MG 151/20<br>机翼翼根：2×MG 151/20 | FuG 220 |
| A-7/R5 | "蚊式猎手"，配备甲醇-水喷射装置 | Jumo 213E | 机腹武器舱内：2×MG 151/20<br>机翼翼根：2×MG 151/20 | FuG 220 |
| A-7/R6 | A-2 型的改进型，原型机为 V18 | Jumo 222A | 机腹武器舱内：4×MK 108<br>机翼翼根：2×MG 151/20 | FuG 220 |

从 1944 年 4 月开始，皇家空军蚊式远程轻型轰炸机和夜间战斗机开始频频光顾德国空军夜间战斗机的基地。

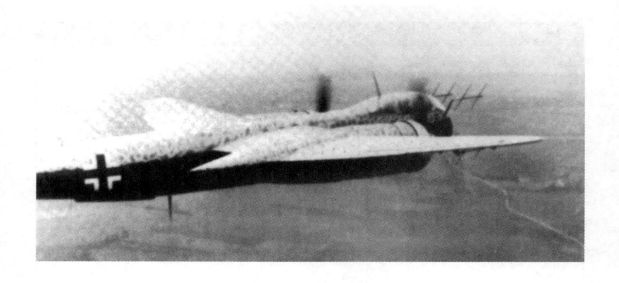

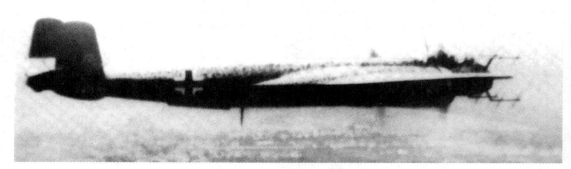

He 219 A-2(工厂编号 290068)的飞行照片。飞机上表面的伪装方案很有趣，不是通常的浅色基座上的深色斑点图案，而是由深色基座上的浅色方块图案所组成。下图为同一架飞机，它正在夜间近距离支援中进行转场或训练飞行。

## 最后的改进——He 219 B 系列、C 系列和 D 系列

与米尔希截然相反，阿尔伯特·斯佩尔始终对 He 219 项目抱以支持态度。在第三帝国最后的日子里，德国空军不得不抓住一切"救命稻草"，性能还过得去的 He 219 就是其中之一。斯佩尔打算继续对其进行改进，并将这些最后的改进项目统称为"He 219 行动"。

最主要的改进项目是利用 2500 马力的液冷发动机——Jumo 222A/B 来替代 DB 603 系列发动机。但这种发动机没有达到足够的可靠性，无法服役。不过，亨克尔公司还是设法在 He 219 机体上安装了 Jumo 222，并且进行了飞行测试。1944 年夏季，一架装备了两台 Jumo 222 发动机的 He 219 A-7/R6(机身号 KZ+RZ)达到了每小时 700 公里的速度，堪称飞得最快的"雕鸮"型号。

在"He 219 行动"中，亨克尔的技术人员还

Ju 388 V2 是 Ju 388 J 型夜间战斗机的原型机，直到 1944 年 1 月底才进行首次试飞。根据帝国航空部的说法，它应该在 5 月开始取代生产线上的 He 219 战斗机。

希望开发一种三座的高空型号——He 219 B-1（只制造了一架原型机）。其同样安装了 Jumo 222A/B 发动机，并对座舱进行了改造，机身加长至 16.34 米，翼展延伸至 22.05 米，拓展的机翼面积达到了 50 平方米。此外，He 219 B-1 还增加了燃油携带量。其武器配置为：翼根处两门 30 毫米 MK 108 机炮；机背"斜乐曲"系统——两门 30 毫米 MK 108 机炮；机腹两门 20 毫米 MG 151 机炮。但这架原型机在第二次着陆时因为一个起落架折断而严重损坏。

He 219 B-2 是"蚊式猎手"的改进型，是一种高空截击机。技术人员在一架 He 219 A-5 换装了 B-1 型的新机翼，拆除了该机的防御装甲，发动机换装为配有 TK 13 型涡轮增压器的 DB 603A 型发动机（也有说法是 Jumo 222E/F 型）。机载武器方面拆除了机腹武器舱，保留了翼根处的两门 30 毫米 MK 108 机炮和机背的"斜乐曲"系统——两门 30 毫米 MK 108 机炮。He 219 B-2 型实际上也只制

造了一架原型机（机身号为"KJ+BB"），其实用升限为 13400 米。值得一提的是，这架原型机曾配属实战部队。

He 219 B-3 恢复了机腹武器舱，内设两门 20 毫米 MG 151 机炮和两门 30 毫米 MK 108 机炮。计划安装 Jumo 222 发动机，但后来由于缺乏发动机而没有进行飞行测试。

He 219 C 系列：包括 C-1 夜间战斗型和 C-2 战斗轰炸型，均为三人座舱，主翼与 B 系列相同，发动机采用 Jumo 222A/B。尾部安装远距离

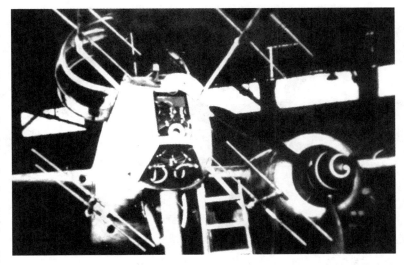

在卡鲁普格罗夫的机库中，对一架 He 219 A-2/Rl 的雷达设备进行维修时的情景。

俯瞰装配线上的一架 He 219 A。机身中间的圆形是（无线电）测向仪6(D/
F)型无线电天线。它被安装在机身前部燃料箱的盖板上，并被一个玻璃板
覆盖。

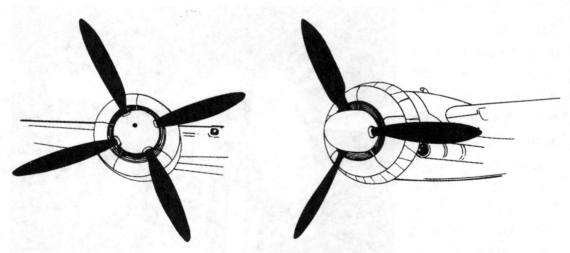

除了对发动机本身进行测试外，为了提升速度，技术人员还对各种螺旋桨进行了试验。这里是 He 219 采
用的标准三叶螺旋桨和在 V5 上进行测试的四叶螺旋桨的对比图。

操纵自卫机枪四挺，机背安装"斜乐曲"武器系统——两门 20 毫米 MG 151 机炮，机腹安装四门 30 毫米 MK 108 机炮。He 219 C 的最大设计平飞速度为每小时 675 公里（高度 11600 米时），设计升限为 12000 米。

He 219 D 系列：根据计划，He 219 D-1 型将安装配有 MW-50 加力系统的 Jumo 213E 发动机。机背安装"斜乐曲"武器系统——两门 30 毫米 MK 108 机炮，机腹四门 20 毫米 MG 151 机炮。

## 神秘的 He 319 和 He 419

1943 年，在对 He 219 基本型号进行改进之余，亨克尔工厂的技术人员还在努力开发其替代型号，包括 He 319（项目编号 1065），其被设定为一种快速轰炸机或夜间战斗机，技术人员打算在其机头装备四门 30 毫米 MK 108 机炮。并将为其安装与 Fw 190 A 战斗机一样的 BMW 801 气冷发动机。技术人员已经完成了一架 He 319 的小比例模型，但其随即在皇家空军的一次夜间空袭中被毁。

另有名为 He 419 的新项目，其设定也是一种高空战斗机。其原型机——He 419 V1 采用 He 219 A-5 的机体和机尾，搭配 DB 603G 发动机和新设计的 55 平方米的机翼。为进一步简化生产，He 419A-1 原定采用单垂尾来取代过去的双垂尾。但后来 A-1 型被取消，研发团队开始设计 He 419 B-1/R1，这种型号安装了与 He 219 基本型号相同的垂尾，再加有涡轮增压器的 DB 603 发动机。He 419 B-1/R1 的机翼面积达到了 59 平方米，其翼根处安装两门 20 毫米 MG 151 机炮，机腹武器舱安装两门 30 毫米 MK 108 机炮。其设计最大平飞速度为每小时 670 公里（14500 米高度）。以每小时 650 公里的巡航速度飞行时，其航程高达 2540 公里，可谓德国空军中航程最远的战斗机之一，然而，由于第三帝国陷入覆灭前的混乱，已经制造好的 6 架 He 419 B-1/R1 最终失踪，无人知晓其下落。

| He 219 各亚型 | |
|---|---|
| 型号名称 | 特　征 |
| A-0 | 基于 He 219 V7 到 He 219 V12 原型机的预生产型。是一种双座夜间战斗机。翼展 18.5 米。安装 2 具 DB 603A 型发动机。机身燃油载量 2590 升。<br>武器装备：翼根 2×20 毫米 MG 151/20 机炮；机腹武器舱 4×30 毫米 MK 108 机炮。 |
| A-1 | 在 A-0 型的基础上，更换为更加扁平的座舱盖。（"更加扁平的座舱盖"是指在 A-0 改进型的生产过程中，在无线电员所在的位置上方采用更加流线型的玻璃舱盖）。 |
| A-2 | 在 A-0 型的基础上，更换为 DB 603AA 发动机。采用 2 人座舱，安装"斜乐曲"武器系统，电传系统采用单芯电缆。 |

| 型号名称 | 特　征 |
|---|---|
| A-3 | 在 A-2 型的基础上，换装 DB 603E 发动机，对标准设备进行轻量化并加装额外的燃料箱（指 900 升的外挂燃料箱）。 |
| A-4 | 在 A-2 型的基础上改进而成，发动机配备 GM-1 氮氧化合物喷射系统。没有安装"斜乐曲"武器系统。 |
| A-5 | 在 A-3 型的基础上改进而成，配有 3 个座位（一排）的驾驶舱，仅安装防御性武器，燃料载荷上升至 2590 升（机身）加 780 升（发动机短舱的后部）。配有"斜乐曲"武器系统。 |
| A-6 | 蚊式猎手。在 A-2 型的基础上换装 DB 603L 型发动机，减少装甲和武器配置。没有安装"斜乐曲"武器系统。 |
| A-7 | 在 A-2 型的基础上，换装 DB 603E 型发动机。燃料 2590 升（机身）加 780 升（发动机短舱后部），与计划中的 A-5 型变体基本相同。 |
| B-1 | 配有 3 座（一排）驾驶舱，仅配备防御性武器，翼展 21.6 米，换装 Jumo 222 A/B 发动机，燃料 2590 升（机身）加 1200 升（发动机机舱后部），起落架扩大。配有"斜乐曲"武器系统。 |
| B-2 | 高空猎手。是一种高空战斗机，配有 2 人座舱，DB 603/TK 13 发动机。其翼展、燃料箱和起落架均与 B-1 型相同。其没有安装机腹武器舱，但配有"斜乐曲"武器系统。 |
| C-1 | 在 B-1 型的基础上，延长机身（300 毫米），配有 3 座驾驶舱（交错座位）、Jumo 222 E/F 型发动机、载人尾部炮塔（HL 131 V 型），燃料 3050 升（机身）加 800 升（机翼），起落架扩大。 |
| C-2 | 与 C-1 类似，是一种没有安装雷达和"斜乐曲"武器系统的战斗/轰炸机改型。 |
| D-1 | 改装机。在 A-2 型的机身安装 Jumo 213 E/F 发动机和 MW 50 加力系统。没有安装"斜乐曲"武器系统。原型为 He 219 A-2（V41），工厂编号 420325。 |
| E-1 | A-5 型号更换木制机翼和尾翼。 |

| 型号 | 工厂编号（WNr） | 产量 | 日期 | 厂家 |
|---|---|---|---|---|
| He 219 各亚型产量表 | | | | |
| He 219 V | 219001 | 1 | 1942 年 11 月 | 罗斯托克 |
| | 190002～190012 | 11 | 1943 年 1 月至 6 月 | 施韦夏特 |
| He 219 A-0（121） | 190051～190075 | 25 | 1943 年 7 月至 1944 年 6 月 | 施韦夏特 |
| | 190097～190131 | 35 | | 施韦夏特 |
| | 190175～190194 | 20 | | 施韦夏特 |
| | 190210～190235 | 26 | | 施韦夏特 |
| | 210901～210905 | 5 | 1944 年 3 月至 6 月 | 罗斯托克 |
| | 211116～211125 | 10 | | 罗斯托克 |
| He 219 A-2（100） | 290001～290020 | 20 | 1944 年 7 月至 11 月 | 罗斯托克 |
| | 290054～290078 | 25 | | 罗斯托克 |
| | 290110～290129 | 20 | | 罗斯托克 |
| | 290186～290205 | 20 | | 罗斯托克 |
| | 420319～420333 | 15 | 1944 年 8 月至 12 月 | 施韦夏特 |
| He219 A-7（100） | 310106～310115 | 10 | 1944 年 12 月至 1945 年 3 月 | 罗斯托克 |
| | 310181～310230 | 50 | | 罗斯托克 |
| | 310311～310350 | 40 | | 罗斯托克 |
| He 219 D-1 | 420371～420375 | 5 | 1945 年 1 月至 3 月 | 施韦夏特 |
| 总计 | | 338 | — | — |

雷希林测试中心的试飞员约阿希姆·艾斯曼登上 He 219 A-042 的情景，该机的工厂编号为 190113。注意其缩短的座舱盖覆盖了驾驶舱前部，由于在高空飞行条件下几乎没有任何保护，艾斯曼只能身穿一件笨重的防护飞行服。

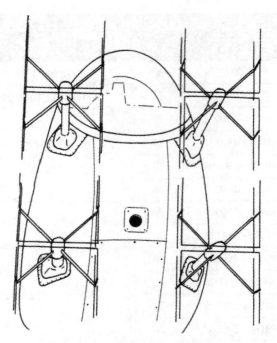

FuG 202 BC 型雷达的天线，主要安装在 He 219 原型机(V)和预产型(A-0)上。

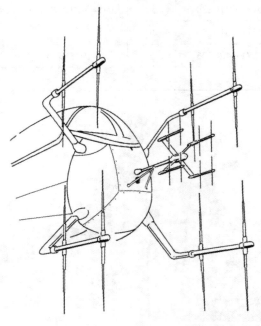

FuG 220 SN-2 型雷达的天线和 FuG 212 型雷达的中央天线，主要安装在 He 219 预生产型(零系列)上。大约从 1944 年秋天开始，中央天线被去除了。

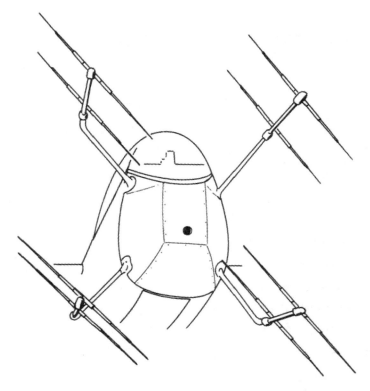

FuG 220 SN-2d 型雷达的天线，配有控制波 6 ( Streuwelle VI ) 型扫描
（散射波段扫描）装置，主要安装在 He 219 A-2 型到 A-7 型上。

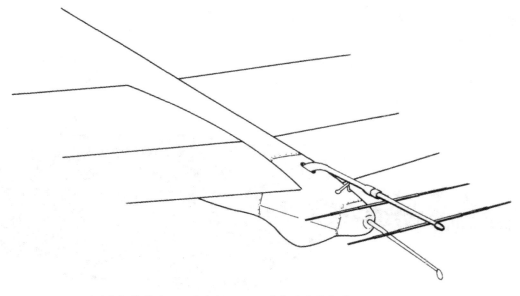

FuG 220 SN-2 型尾部报警雷达。只有少数 He 219 装备了这种装置。

## 第 4 节　He 219 的发动机

### 耦合发动机

1940 年，亨克尔公司提出的 P 1055 方案设计声称能达到每小时 750 公里的最大速度，但四年后，在 1944 年 7 月，亨克尔公司技术总监卡尔·弗兰克（Carl Francke）报告说，目前使用 DB 603AA 发动机的 He 219 的最大速度是每小时 585 公里，（高度 7500 米，带有 SN-2 天线和排管消焰器），为什么这种飞机没有达到最初预期的性能？可以在两个关键因素中找到这一问题的答案：发动机的可用性和对 He 219 设计布局的改变。1940 年的原始设计在很大程度上借鉴了几年前作为私人开发项目的亨克尔 He 119，并采用了许多当时最先进的技术和空气动力学设计。He 119 由一台液冷 24 缸发动机提供动力，输出功率超过 2000 马力（1490 千瓦），就当时的航空发动机来说是十分巨大的输出功率。该设计方案采用流线型，以最大限度地减少空气阻力，包括将大型发动机安装在机身中央，并取消了传统的散热器。其发动机冷却是通过安装在机翼蒙皮下面的表面蒸发冷却系统来实现的。高功率和低阻力的结合被证明是 He 119 的制胜公式，它在 1937 年 11 月创造了 1000 公里航线的速度和有效载荷的世界纪录。

为 He 119 提供动力的戴姆勒-奔驰 DB 606 发动机源自两台 1100 马力的 DB 601 型 12 缸发动机，通过一个共同的配有减速齿轮的输出轴来驱动。这两台 DB 601 倾斜并排安放，相邻的内侧汽缸几乎垂直，以使得发动机正面的面积尽可能缩小。亨克尔 He 177 的早期改型即利用 DB 606 发动机提供动力，但后来的 A3 改型改用 DB 610 发动机提供动力（每台 DB 610 是一对耦合的 DB 605）。然而，He 177 的经验表明，耦合发动机是有问题的——一系列的发动机起火故事导致了几架飞机坠毁和机组人员死亡。

随着 He 219 设计布局的更改，它继续依赖于使用戴姆勒-奔驰耦合发动机 DB 610 和 DB 613（每台 DB 613 都是一对耦合的 DB 603）。DB 615 也在考虑之中。然而，到 1941 年夏天，这些 2000~3000 马力的耦合发动机出现了持续延误的状况，这意味着 He 219 未来的供应是不确定的。

在那之前，He 219 主要是为了填补侦察机的角色，但在 7 月举行的罗斯托克会议上决定

*戴姆勒-奔驰 DB 606 耦合发动机。*

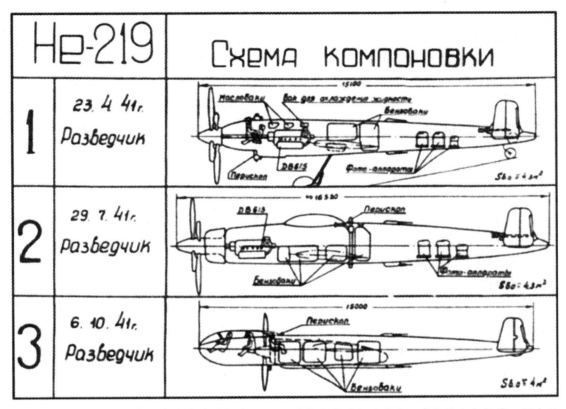

这张由苏联人绘制的图表似乎是基于早期的 He 219 设计布局的相互融合。有趣的点包括第一栏中的 DB 615 发动机和第二栏中的 DB 613 发动机——两者都采用了同轴反转螺旋桨叶。

开发 He 219 的夜间战斗机亚型时，情况发生了变化。很明显，夜间战斗机将需要完全不同的设计布局——主要是其必须在两个机翼下方安装发动机，以便在其中一台损坏的时候可以继续飞行。同时，面对耦合发动机供应的不确定性，亨克尔公司决定采用两台戴姆勒-奔驰 DB 603 发动机作为新设计的临时措施，直到更强大的发动机投入使用。

## DB 603 发动机

DB 603 是一台倒 V 排列 12 缸液冷发动机，其最大额定起飞输出功率为 1750 马力。DB 603 的历史可以追溯到 20 世纪 30 年代中期。1936 年 9 月，戴姆勒-奔驰公司向帝国航空部提交了这种新型发动机的设计方案，并获得了一份开发合同。尽管这个开端充满希望，但 1937 年 3 月，这份合同突然被废除了。于是，该公司自费对该型发动机进行后续研发，并在 1939 年对一台原型发动机进行了台架测试。随着战争的爆发，帝国航空部推翻了之前的决定，其于 1940 年 2 月发布了一份合同，要求戴姆勒-奔驰公司从 1941 年开始生产 120 台该型发动机。

DB 603 是一台排量为 44.5 升的大型发动机，比梅塞施密特 Bf 109 的 35.7 升 DB 605 发动机高出近 25%。由于它的尺寸太大，DB 603 通常被认为无法安装在单座战斗机上（主要是 Bf 109），但之后的福克-沃尔夫 Fw 190 战斗机和

Ta 152 等型号有足够空间。DB 603 的研发工作一直持续到 1944 年末，出现了许多不同的亚型。然而，实际上只有三种型号——DB 603A、DB 603AA 和 DB 603E——进入了全面量产。

## DB 603A 发动机

1942 年初，当 He 219 的研发计划进入最后阶段时，帝国航空部要求在尽可能早的时间内在该机应用 VDM 减速螺旋桨，但这种装备当时仍处于研发和试验阶段。最终，这一要求一直被拖到了 1945 年。这种螺旋桨的设计初衷是为了减少着陆时所用的距离，它们需要一根较长的传动轴，而这一技术要求并不总能与发动机的性能相匹配。最终，这种螺旋桨被安装在 DB 603C 发动机上面，因为它的传动轴长达 370 毫米，这种发动机和传动装置均能满足 He 219 的要求，然而，在 1942 年 5 月，由于该发动机出现了严重的问题，戴姆勒-奔驰公司决定不再生产 C 型。同样的，DB 603B 当时的状况也很困难，于是亨克尔工厂被迫转向 DB 603A，它的传动轴为 300 毫米。面对供应的不确定性，亨克尔公司也考虑了转用 Jumo 213 发动机，并于 7 月 6 日与帝国航空部讨论了各种发动机的使用日期。在这次讨论之后，戴姆勒-奔驰和容克斯公司立即与帝国航空部联系，并就交货日期达成了协议。然而，事实证明，Jumo 引擎并不是必需的——DB 603A 发动机（包括配件）将在每台机组完成 50 小时的标准化运行时间后立即交付使用。事实上，DB 603A 发动机成了所有 He 219 预生产型飞机的标准发动机，直到 1944 年中期为止。

## DB 603AA 发动机

DB 603A 的临界高度只有 5700 米（18700 英尺）；在高空飞行时其功率会明显下降。由于拦截美军重轰的战斗经常发生在 6100 米（20000 英尺）以上高空，因此迫切需要改进该型发动机的性能，否则就需要更换更合适的动力装置。对于 DB 603A 来说，限制因素是戴姆勒-奔驰的单级增压器。为了改善这种状况，在 1943 年和 1944 年对几架 He 219 V 型的发动机进行了改进，其中一架是 He 219 V17，它进行了新型单级增压器的试验，其临界高度增加到 7300 米（24000 英尺）。试验证明，这种新型增压器的效果很明显，而安装这种增压器的 DB 603A 发动机被称为 DB 603AA。根据现有资料推测，共有 124 架 He 219 的 DB 603A 发动机被升级为 DB 603AA，相关改装工作是在柏林进行的。

## DB 603E 发动机

1944 年 7 月下旬，在投入生产仅几周后，帝国航空部宣布 DB 603AA 不再用于 He 219，并且立即生效，

He 219 各型的主要动力装置——DB 603A 型发动机，最初其实是一种权宜之计。

He 219 A-2 型将由 DB 603E 提供动力。DB 603E 是戴姆勒-奔驰公司于 1942 年至 1943 年间开发的，并被视为陷入困境的 DB 603G 型的替代品。

戴姆勒-奔驰公司原本打算在 1944 年 1 月将 DB 603E 投入生产，但后来直到当年 7 月底才得以实现。到 1945 年，它已经成为 He 219 A-7 型的标准动力装置。DB 603E 与 DB 603A 的外形尺寸差别不大。最明显的区别是后者安装了一个重新设计的和稍长的减速齿轮箱，总长度增加了 95.5 毫米（3.76 英寸）。DB 603E 也配备了曲轴抛油环，该装置改善了发动机的润滑性能。有助于配合 He 219 A-7 型的增加的燃油容量和航程（该装置在 He 219 V18 上进行了试验，后者的燃油容量和续航里程也得以增加）。

## DB 603D 发动机

DB 603D 发动机与 DB 603A 的性能数据基本相同，但螺旋桨传动轴的旋转方向相反。1943 年初，这种发动机在 He 219 V2 上进行了试验。

## DB 603G 发动机

在 1942 年期间，戴姆勒-奔驰公司给 DB 603 计划了多种改进方案，改型之一是 DB 603G，它的最大起飞输出功率为 1900 马力，临界高度为 7400 米。1944 年秋天，戴姆勒-奔驰公司生产出第一台 DB 603G 型发动机。不过，由于技术方面的问题，这种发动机从来没有被投入过量产。事实上，前者只建造了 100 台原型发动机，目前尚不清楚这种发动机是否在 He 219 项目中使用过。不过，有迹象表明，He 219 V31 曾经安装了 DB 603G。

需要注意，DB 603E 型与 G 功能上不完全相同，E 型的临界高度只有 6300 米，高空性能明显劣于 G 型。

## 容克斯发动机

为了应付皇家空军蚊式战机，前线部队建议为 He 219 换装功率更大的 Jumo 系列发动机。不过，鉴于亨克尔工厂技术人员最初的选择——Jumo 222 型发动机的可靠性太差，前者于 1944 年末将注意力转向了更传统（风险更小）的 Jumo 213E 型发动机。1944 年 10 月 3 日，卡尔·弗兰克报告说，已经获得了帝国航空部的首肯，将 6 架 He 219 换装为 Jumo 213E 型发动机。

弗朗克报告中提到的 6 架飞机后来被确认为 He 219 V41 和 5 架在工厂文件中出现的 D-1 型改型（所有 6 架飞机最初都是 A-2 型的机体）。在 1944 年的最后几个月里，亨克尔公司紧锣密鼓地进行改进，打算将这些飞机尽快交付前线部队。但是这个项目被推迟了，因为在 12 月 21 日，弗兰克坚持要求所有用于 He 219 的 Jumo 213 E 发动机都应该安装 MW 50（甲醇/水）喷射系统（由于开发延迟，使用同样发动机的 Ta 152 H-0 在生产时也没办法安装 MW 50 系统）。他认为，如果不进行升级，安装 Jumo 发动机的 He 219 与以 DB 603E1 为动力的标准型 He 219 相比将没有足够大的优势——其最高速度每小时将只增加 30 公里，而最大升限高度将只增加 2000 米（得益于 Jumo 213 的二级三速增压器，高空性能有明显提升，但中低空性能没有改善）。弗兰克认为前线部队肯定会认为这些改进是不够的，并建议他们应该等待 Jumo 公司承诺的 MW 50 系统的到来。1945 年 1 月，在罗斯托克，第一架 He 219（可能是 V41）改装了喷射系统。1945 年 2 月，位于路德维希斯特的亨克尔改装部门收到了 Jumo 213 E/F 发动机。然而，它们的用途并不明确，可能是为 He 219 D-1 型飞机准备的，也可能是打算改装一些 He 219 A-7 型飞机。He 219 V41 于 1945 年 2 月进入前线服役，并于次月在战斗中损失。至于 D-1 型飞机，它们的命运无人知晓。

Jumo 222 E/F 型发动机。He 219 V16 曾对 Jumo 222 发动机进行了测试，但到 1944 年底，焦点已经换成了 Jumo 213 E，后者曾安装在 He 219 V41 上，并进行了试验。

# 第二章　He 219 夜间战斗机的战争历程

## 第 1 节　最初的作战行动及
### 进一步试验

### 1943 年 5 月

1943 年 5 月，三架 He 219 V7、V8 和 V9 被交付给芬洛空军基地的第 1 夜间战斗机联队第一大队(I.／NJG 1)，对于 He 219 来说，同时向前线交付了三架可以作战的飞机，这在很多方面都是非常了不起的，因为该机型的第一架原型机在 6 个月前刚刚进行了首飞，这表明卡姆胡贝尔决心尽早将 He 219 投入作战行动。

大约 12 个月前，卡姆胡贝尔曾要求在 1943 年 4 月 1 日之前建立一支由 20 到 30 架 He 219 所组成的、完整的夜间战斗机部队，并为在前线服役做好准备。由于未能得到帝国航空部和米尔希元帅的支持，这一要求未能得到满足。在 1943 年的大部分时间里，He 219 向前线部队交付的速度非常缓慢，速度通常是每月两架(有些月份为零)。造成这种情况的部分原因是，许多新飞机在移交给德国空军后，被直接交给了位于雷希林、乌尔兹(Uirz)、韦梅亨(Wemeuchen)和塔梅维茨(Tamewitz)的侦察部队。同样，亨克尔工厂保留了几架早期原型机进行试验和进一

步发展。

到达芬洛后，V7、V8 和 V9 被分配了自己独有的机身号，分别是：G9＋DB，G9＋EB 和 G9+FB。不过，He 219 V8 实际上在芬洛停留的时间很短，在抵达后的数天内，该机被送往雷希林测试中心进行起落架测试。

5 月 30 日，在芬洛空军基地，亨克尔公司和德国空军举行了正式的交接仪式。这标志着 He 219 正式成军。

### 1943 年 6 月 11 日至 12 日

1943 年 6 月 11 日至 12 日夜间，He 219 首次参加战斗。在这个月的第一次大规模空袭中，轰炸机司令部派遣了 783 架飞机(326 架兰开斯特轰炸机，202 架哈利法克斯轰炸机，143 架威灵顿轰炸机，99 架斯特林轰炸机和 13 架蚊式战斗机)前往杜塞尔多夫，计划在 11 点 06 分(接近月落)至凌晨 2 点 24 分之间发动攻击。其中有 693 架飞机抵达了目标上空，并根据配备"双簧管"(OBOE)导航系统的蚊式战斗机的标记进行了轰炸。这是杜塞尔多夫在整个战争中所经历的最具破坏性的袭击，英军轰炸机对市中心造成了巨大的破坏，大火肆虐了几平方公里。近 1300 人在突袭中丧生，14 万人无家可归。

当天夜间天气晴朗，万里无云。为了应对英军轰炸机，德国空军的"天床（Himmelbett）"防区一共出动了 70 架次的夜间战斗机。其中就包括第 1 夜间战斗机联队第一大队的指挥官维尔纳·斯特赖布少校驾驶的 He 219 V9。斯特赖布与无线电员赫尔穆特·费舍尔（Helmut Fischer）下士于零点 38 分从芬洛空军基地起飞。后者负责操作"列支敦士登"BC 雷达。两人在夜间拦截方面均可谓经验丰富，斯特赖布已经赢得了 40 多次夜间空战胜利。值得一提的是，当天晚上，两人是在"天床"系统（当时尚处于测试阶段）的引导下出击的，地面控制指挥系统由奈克迈耶（Knickmeier）中尉负责。奈克迈耶是德国空军夜战部队最有经验的战斗机地面控制官之一。在他的指挥下，斯特赖布和费舍尔被引导到敌方轰炸机附近，费舍尔再利用机载"列支敦士登"BC 雷达引导斯特赖布进入射击位置，紧紧咬住英军轰炸机的尾部。

斯特赖布的座机——He 219 V9 是一个强大的猎手，其配备了 6 门机炮，其中 4 门安装在机腹，为 30 毫米 MK 108 型；2 门安装在翼根，为 20 毫米 MG 151 /20 型；其火力比当时任何其他夜间战斗机都要猛得多。一枚 30 毫米高爆弹的效果足以在敌方轰炸机的机身上炸出一个洞，大到可以让一个人掉下去。这种火力的效果是毁灭性的：在一个多小时内（从 1 时 05 分至 2 时 22 分），斯特赖布宣称击落了 5 架四引擎重型轰炸机。他与第 6 架轰炸机也取得了接触，但未能将其击落。由于弹药消耗殆尽，燃油不足，一些仪表无法使用，斯特赖布返回基地，当时，

1943 年 6 月 12 日凌晨，在芬洛机场上散落的 He 219 V9 的残骸。

He 219 驾驶舱的能见度已经受到了敌机的燃料和液压油飞溅的影响，在接近芬洛时，随着座舱盖结满雾气，斯特赖布不得不继续使用仪表进行着陆。3 时 02 分，斯特赖布终于驾机回到了芬洛，在临近降落时，他将电动襟翼降至着陆位置，然后放下起落架。然而，在飞行员没有注意到的情况下，襟翼未能锁定，又弹回了正常位置。

这架 He 219 像石头一样掉了下来，以极高的速度和巨大的力量撞向了芬洛的跑道。该机着陆的力道非常大，直接导致轮胎爆裂，冲击力传递到机身后，右舷发动机被从支架上扯了下来。随后，整架飞机解体了。整个驾驶舱在机翼根部断裂，并沿着混凝土跑道滑了 50 多米。目击者们都没有想到机组成员能活下来，然而，斯特赖布和费舍尔不但成功逃离了飞机，而且几乎毫发无伤。

尽管德国人猛烈反击，但杜塞尔多夫的老城区还是几乎被夷为了平地。当晚至少有 38 架皇家空军的轰炸机未能返回，而斯特赖布和费舍尔击落的轰炸机占了其中大约 1/8。另外，尽管斯特赖布在这个晚上取得了宣称击落 5 架重型轰炸机的不俗战绩，但在整个战争期间，他驾驶 He 219 也只取得了这些战果。至于 V9 损毁所造成的影响，这是很难进行评估的，但毫无疑问的是，在 6 月份，它对于防御盖尔森基兴（Gelsenkirchen）、波鸿（Bochum）和鲁尔地区其他遭受攻击的城镇而言，是一笔无价的财富。

此外，在当天夜间的战斗中，维尔纳·巴克（Werner Baake）少尉也驾驶一架梅塞施密特 Bf 110 战斗机取得了两个击坠记录。巴克后来成为排名第二的 He 219 王牌飞行员，并在战争结束时成为第 1 夜间战斗机联队第一大队的指挥官。

## 1943 年 6 月 12 日

当日，罗斯托克电传打字机办公室（Rostock teletype office）收到了一份寄给亨克尔博士的消息，内容如下：

您设计的 He 219 夜间战斗机于 1943 年 6 月 11 日至 12 日夜间首次参加实战。在 He 219 的首次任务中，飞行员斯特赖布少校取得了 5 次夜间空战胜利。He 219 因此证明了自己作为夜间战斗机对抗敌人的优秀品质。我对您、您的设计团队和工作人员表示感谢和赞赏。不幸的是，飞机在着陆时坠毁了。我请您尽一切努力加快 He 219 的生产和交付速度。

第 12 航空军司令、夜间战斗机总监、空军上将卡姆胡贝尔

但 He 219 的首战告捷显然未能打动米尔希元帅。6 月 15 日，在空军军备科（GL/C）举行的会议上，米尔希试图淡化 He 219 初胜所造成的影响。他评论道："He 219 很好，它在一次任务中击落了 5 架敌机。我没法要求它做得更好了。但也许斯特赖布用另一种战机也能取得同样的成功。"

## 1943 年 7 月 1 日

7 月 1 日，维尔纳·斯特赖布被提拔为第 1 夜间战斗机联队联队长，随后，第一大队的指挥权被转交给了汉斯-迪特·弗兰克（Hans-Dieter Frank）上尉。弗兰克曾是第 1 夜间战斗机联队第 2 中队的中队长，是一位经验丰富的飞行员，赢得过超过 40 次的夜间空战胜利，他在 6 月 20 日被授予骑士铁十字勋章——就在接过第一大队

汉斯-迪特·弗兰克上尉。

指挥权的几天之前。

与此同时，针对 He 219 A-0/R3（机身号"GE＋FN"）的测试也在快速进行中。人们已经认识到，为其安装机腹武器正面临很多困难。莱茵钢铁-博尔西格（Rheinmetall-Borsig）公司的 MK 103 型机炮的交付速度异常缓慢，因此，He 219 的制造商被迫转而在一些生产型上使用短管的 MK 108 型。后来，MK 108 的生产也遇到了困难，因此，在很多情况下，He 219 生产型只能在腹部炮舱中安装 MG 151/20 型机炮。

大约在这个时候，军方对一种适用于夜间战斗机的新伪装方案进行了首次测试。以前可清洗的黑色涂装被整体的淡灰色涂装所取代（涂装编号 RLM 76）。虽然人们普遍认为二战德军夜间战斗机基本只采用这两种涂装方案，但事实上它们的涂装五花八门。1943 年 9 月，经过驻扎在芬洛的空军技术部门的提醒，亨克尔工厂开始将新式的"黑十字（Balkenkreuz）"喷涂在机身两侧和上翼表面。从那时起，所有的 He 219 的国籍标志均更换成白色轮廓的十字。不过，从 1943 年年中开始，前线配送中心和各部队维护车间的"涂装画家"们就开始自由发挥想象力了。即使在中队内部，He 219 也有各种各样的伪装方案。大多数 He 219 涂装均包含了以 RLM 02、74 和 75 涂料喷涂的斑点、斑块和不规则图形，并在上面喷洒了 RLM 76，或者在某些情况下，喷洒了 RLM 02。在较深的颜色上再进行喷涂，有加深底色的效果。从 1944 年春天到秋天，有一些 He 219 的右翼（除了机翼前缘和翼尖之外）和发动机机舱都被涂成了亚光黑色。这是为了便于德军高射炮和探照灯部队进行敌我识别。从 1944 年底开始，参与夜间近距离支援任务的 He 219 普遍将其机翼和尾翼底部涂成黑色。

通常情况下，He 219 夜间战斗机的机身编号遵循德国空军战斗机部队的普遍规则。因为绝大多数 He 219 隶属于第 1 夜间战斗机联队队部（Stab）和第一大队（I. Gruppe），只有少部分隶属于夜间战斗机部队驻芬兰和挪威中队（NJStaffel Finnland und Norwegen）、第 1 夜间战斗机联队第二大队（II./NJG 1）、第二夜间战斗机联队训练大队（Erg./NJG 2）和第十夜间战斗机大队（NJGr. 10），因此其机身号的范围并不是很广。这些机身号，也就是字母/数字组合位于机身前部（在国籍标志黑十字之前），其大小通常为十字的四分之一，颜色通常为黑色。

例如，"B4＋"代表夜间战斗机部队驻芬兰和挪威中队（后来改为"夜间战斗机部队驻挪威中队"）；"G9＋"代表第 1 夜间战斗机联队；"R4＋"代表第 2 夜间战斗机联队训练大队（不久后与"4R＋"通用）。

第十夜间战斗机大队第 1 中队（1./NJGr. 10）使用了昼间战斗机部队所使用的机身编号类型，然而，到目前为止，还没有文件和照片证明该部队的 He 219 和 Ta 152 也使用了这些机身编号。也没有任何照片或文件供我们来确认第 2 夜间战斗机联队训练大队和夜间战斗机部队驻芬兰和挪威中队的 He 219 所喷涂的机身号究竟是什么样的。除此之外，在各架 He 219 的国籍标志之后，还有另外两个由字母组成的机身号。第一个字母通常表示这架飞机在中队内的序列，例如，字母"A"通常代表这是联队长（Kommodore）、大队长（Kommandeur）或中队长（Staffelkapitan）的座机。为了防止与前半段机身号混淆，后半段不应该再使用字母 G、I、J、0 和 Q，但这里也有"例外情况"。例如，在第 1 夜间战斗机联队第一大队的手写损失清单中，于 1944 年 9 月 9 日记录了一架机身号为 G9+OK 的 He 219 A-0。值得一提的是，机身号的后半段字母通常用彩色颜料涂抹（颜色代表该中队），

或者用黑色颜料涂抹，但轮廓用彩色颜料勾画。

例如，"A"代表联队队部（绿色字母）；"B"代表第一大队队部（蓝色字母）；"C"代表第二大队队部（蓝色字母）。

最后一个字母代表该中队在整个联队的序列（如表格所示）。

| 第一大队 | 第二大队 | 第三大队 |
| --- | --- | --- |
| "H"代表第 1 中队 | "M"代表第 4 中队 | "R"代表第 7 中队 |
| "K"代表第 2 中队 | "N"代表第 5 中队 | "S"代表第 8 中队 |
| "L"代表第 3 中队 | "P"代表第 6 中队 | "T"代表第 9 中队 |

每个大队下辖 3 个中队，各中队的识别色分别为：白色（第 1、第 4 和第 7 中队）；红色（第 2、第 5 和第 8 中队）；以及黄色（第 3、第 6 和第 9 中队）。

1943 年 7 月，为了增加 He 219 的航程，亨克尔飞机工厂对其进行了各种测试。为了袭击英国本土，帝国航空部考虑在 He 219 上加装一枚 500 公斤的炸弹。计算表明，利用额外的内部油箱将使 He 219 的航程从 2400 公里增加到 3350 公里。使用外挂可抛式副油箱更是可以达到 3750 公里的航程。

根据测试计划的要求，科尼策尔（Konitzer）和康斯滕（Consten）利用 He 219 V2 进行了多次俯冲飞行，以确定该机型的极限速度。1943 年 7 月 10 日，He 219 V2 坠毁，该机型的机组成员也首次出现伤亡。作为观察员参与试验飞行的工程师康斯滕报告说：

我们的任务是分别以每小时 675 公里和每小时 700 公里的速度进行两次俯冲飞行，不过，在我们的高度从 4000 米降到 3500 米的时候，尾翼开始出现抖动。随后，我们爬升到 6400 米，

飞行过程完全正常。与以往的飞行不同，当科尼策尔先生控制飞机的飞行姿态，缓缓进入大约 15 度的俯冲角时，尾翼突然再次剧烈抖动。此时，飞机进入了更陡的俯冲角，可能有 30 度。当飞机降到 4000 米高度时，我们对飞行速度进行了第一次校准。我叫飞行员降低速度。他的声音哽咽，我相信他的大概意思是"我无法降低速度"。飞机内部的通讯极其不畅。在高度降至 3500 米左右的时候，飞机的速度达到了每小时 700 公里，空速指示器则固定在最高值那一挡（每小时 750 公里）并且不再动弹了。此时，我的印象是飞机的俯冲角度仍然保持不变。在飞机超过每小时 675 公里之后大约 10 秒，传来一声巨响，整个机体剧烈摇晃了一下（实际上是飞机尾部断裂了）。我突然失去了知觉。当我回过神来时，我有种感觉，飞机正在垂直向下俯冲。当飞机发生翻转，肚皮朝上时，我正扭动身子，试图抛开座舱盖。我伸手去抓弹射手柄，但我不确定我是否已将座舱盖抛出。然后我再次失去了知觉。当我醒来时，已经躺在了地上。

军方的事故调查团队发现，升降舵的扭力

过大，飞行员无法改出俯冲并展开制动伞。由于飞机突然加速，控制杆被向前推，形成持续加速的恶性循环，导致机组人员迅速失去意识。在巨大的冲击力下，制动伞和尾翼部分肯定很快就被撕掉了。这架 He 219 V2 在慕勒申菲尔恩（Mühlleiten）西南约 1.4 公里处的洛班（Loban Forest）森林坠毁。事故发生的时候，尽管飞行员科尼策尔利用弹射座椅飞出机外，但由于冲击力过大，当场身亡。

1943 年 8 月 3 日，位于罗斯托克的亨克尔工厂终于开始批量生产 He 219。厂方采取这一措施的主要原因是考虑到波兰的梅莱茨和布泽恩（Budzyn）工厂的生产发生了严重延误。在罗斯托克，He 219 是与 He 111 H-20 一起生产的。根据 1943 年 4 月 15 日帝国航空部颁布的"第 223 号生产计划"，要求亨克尔每月生产 50 架 He 219。在这个时候，海军也开始对这种机型表现出兴趣。海军的询问重新点燃了亨克尔对于 He 219 的信心，6 月 29 日，他表示，希望能得到军方允许，每个月生产多达 300 架 He 219。1943 年 8 月 10 日，He 219 Vl6（工厂编号 190016）正式下线。这是第一架携带改进型 FuG 220"列支敦士登"SN-2 机载雷达的"雕鸮"。德律风根公司希望未来能利用其位于柏林迪潘西（Berlin Diepensee）的机场对 A-0 生产型的雷达系统进行测试。根据帝国航空部的指示，亨克尔工厂将加速下线一架工厂编号为 190008 的 He 219 A-0，以便安装机载雷达并进行测试。除此之外，按照帝国航空部的要求，He 219 生产型还应该有更大的航程，为此，亨克尔工厂急切地等待着两个经过扩大的锥形油箱（布置了装甲）设计完成，好将它们安装在发动机短舱中。

在 1943 年 8 月 20 日举行的会议上，米尔希提到在夜间战斗机方面，Ju 188 至少能达到 He 219 的性能水准。当时米尔希正考虑令正在制造 Me 410 的亨克尔工厂腾出一些生产空间，以便在那里生产 Ju 188。由于预计 BMW 801 发动机会出现短缺，因此这些 Ju 188 将进行改装以便安装 DB 603。得知这一消息后，亨克尔工厂敲响了警钟，因为此举将使得供应给 He 219 的 DB 603 发动机的数量严重不足，甚至比现在的情况还要糟糕。根据斯特赖布的实战经验，现有的 He 219 过于沉重和笨拙，据此，弗兰克博士预见到，为了提升 He 219 的作战能力，改用 DB 627 或 DB 628 发动机将是势在必行的。

1943 年 8 月 26 日，军方在施韦夏特召开了一次会议，会上制定了投产"雕鸮"的高空改型——He 219 B-1 的指令。这款飞机应该配备木质机翼，由 2500 马力的 Jumo 222 A/B 或 E/F 发动机提供动力，在海平面上的最大速度为每小时 615 公里，在 12500 米高空的最大速度为每小时 759 公里。在耗油 3400 升的情况下，可以飞行 2850 公里。

## 1943 年 7 月 15 日

7 月 6 日，He 219 V12 在施韦夏特进行了验收飞行（Flugklar）。9 天后，它被交付到芬洛的第 1 夜间战斗机联队第一大队，在那里，它与几天前交付该部队 He 219 V10 共同入役。

## 1943 年 7 月 24 日至 25 日

1943 年 7 月 24 日至 25 日的晚上，英国轰炸机司令部向汉堡派遣了近 800 架轰炸机，在这次轰炸中，皇家空军第一次将"窗口"投入作战用。在此前的几个月中，轰炸机司令部的损失极为惨重（仅仅在 6 月，就被击落了 230 多架），因此，皇家空军高层最终批准在敌方领土上使用这种电子对抗措施（ECM）。"窗口"发明于 1942 年，是英国人对纸背铝箔条的代号。当轰炸机成捆大量投放这种"窗口"时，这种看似简单的反制措施可以有效干扰德国维尔茨堡地面雷达和列支敦士登(FuG 202 BC 和 FuG 212 C-1 型)机载雷达，从而阻止德军防空部队形成一条连续的空中防线。这些箔条特意被切成相当于德国雷达波长一半的长度，当大量投放时，它们会产生虚假的雷达回波。

在这个夜晚，没有任何一架 He 219 参与保卫汉堡的行动。然而，"窗口"和它后来的衍生品"长窗口"将成为第三帝国夜间空战的一个重要元素，直到战争结束。

1943 年夏末，帝国元帅戈林对德国空军基地进行了一次视察。在这里，在卡姆胡贝尔将军的陪同下，他会见了夜间战斗机王牌和骑士十字勋章获得者曼弗雷德·莫伊雷尔(Manfred Meurer)以及未来的 He 219 王牌恩斯特-威廉·莫德罗(Ernst-Wilhelm Modrow)(照片最右边)。

## 1943 年 7 月 25 日至 26 日

"鲁尔战役"始于 1943 年 3 月 5 日至 6 日夜间，当时皇家空军轰炸机司令部派遣了 400 多架飞机前往埃森和克虏伯钢铁厂。7 月 25 日至 26 日夜间，埃森再次成为了英军的轰炸目标，当时派出了 705 架飞机。在这次对埃森的轰炸

中，皇家空军第一次对鲁尔区的目标使用了"窗口"干扰箔条，尽管这种雷达反制措施取得了一定效果，但防御者还是设法赢得了胜利，共有 26 架轰炸机未能返回英国。为了应对英国人的入侵，德国空军夜间战斗机部队一共部署了来自多个大队的 75 架夜间战斗机。在这个夜晚，新任命的第 1 夜间战斗机第一大队大队长汉斯-迪特·弗兰克上尉驾驶着 He 219 V10 升空迎敌。(此时，V10 的机身号已经被重新分配为 G9+FB，这也是 V9 损毁之前的编号)。与弗兰克上尉共同出击的是他的老搭档、无线电员埃里希·戈特(Erich Gotter)下士。在荷兰上空巡航的时候，弗兰克驾驶 He 219 V10 击落了两架敌机。他的第一个"猎物"是来自皇家空军第 50 中队的兰开斯特轰炸机(编号 ED753)，击落该机的高度在 6400 米(21000 英尺)，时间为 12 时 56 分，地点在奈梅亨东南 10 公里处；而他的第二个"猎物"——几乎可以肯定是一架来自第 429 中队的威灵顿轰炸机(编号 I-IE803)，当时，该机因某种原因脱离了主力机群，在 5500 米(18000 英尺)的高度，于 2 时 30 分在乌得勒支东南偏南约 15 公里处被击落，坠落地点靠近库伦堡镇。随后，德国空军将 V10 在本次作战中取得成功的消息汇报给了亨克尔教授。

## 1943 年 8 月 15 日

8 月 15 日，He 219 V10 在芬洛被迫进行腹部着陆，导致飞机受损。围绕这一事件的情况并不明朗，但几乎可以肯定的是，它不是由敌人的行动所造成的。由于条件(晴朗的天气和满月)有利于德国夜间战斗机，在这个时候，皇家空军轰炸机司令部在帝国领空的活跃度大大下降。经过修理，该机在 9 月初重新投入使用。

## 1943 年 8 月 23 日至 24 日

1943 年 8 月 23 日至 24 日晚上，弗兰克上尉在埃曼市（荷兰东北部城市）上空 5400 米（17700 英尺）处击落了一架兰开斯特轰炸机，这是 He 219 V12 取得的第一个战果。弗兰克上尉的猎物是来自皇家空军第 207 中队的兰开斯特轰炸机（呼号 EM-K，编号 ED550），它在新多德雷赫特市（Nieuw Dordrecht）中心东南约 7 公里处坠毁，共造成 6 名机组人员和 3 名荷兰平民丧生。当晚，德国防御部队一共摧毁了 50 多架英军飞机，这架编号为 ED550 的兰开斯特轰炸机是其中第一架，当时，皇家空军轰炸机司令部共向柏林派出了 710 架四引擎轰炸机。这是弗兰克驾驶 He 219 所取得的第三次空战胜利（也是他的第 47 个战果），虽然关于这次战斗，我们知道的细节不多，但时间和地点表明，在战斗发生时，两人在"天床"系统的指挥下，来到了位于芬洛东北偏北约 150 公里处的荷兰/德国边境附近。

## 1943 年 8 月 30 日至 31 日

8 月 30 日至 31 日的无月之夜，皇家空军轰炸机司令部派出 660 架飞机前往门兴格拉德巴赫和赖特，He 219 V12 再次投入战斗。英军轰炸机在"窗口"的掩护下，以极快的速度找到了它们的目标，不过，在门兴格拉德巴赫上空，它们遭遇了德国夜间战斗机的主力部队，一场激烈的空战很快就开始了。在随后的空战中，有 23 架英军轰炸机被击落。凌晨 3 时 18 分，汉斯-迪特·弗兰克驾驶的 He 219 V12 在 4700 米（15400 英尺）高度击落了第一架英军轰炸机。17 分钟后，在 4300 米（14000 英尺）高度，弗兰克击落了第 432 中队的一架威灵顿轰炸机（编号 JA 118），这是他当晚取得的第二次空战胜利。然而，这场战斗并不是一边倒的，弗兰克的 He 219 随即就被英军的反击火力命中，他被迫关闭了一个发动机。弗兰克并不气馁，继续前进，3 时 50 分，他在荷兰边境附近的布鲁根上空 5700 米（18700 英尺）处击落一架兰开斯特轰炸机，这是他当晚的第三个战果。在这个晚上，驾驶 Bf 110G-4 的第 1 夜间战斗机联队中队长海因茨·施特吕宁（Heinz Struning）中尉也获得了三个战果。在接下来的日子里，他将过渡到驾驶 He 219，并继续取得击坠纪录，直到成为战绩最高的 He 219 王牌之一。在经过必要的修理后，V12 于 9 月 5 日至 6 日的晚上重新投入战斗。

## 1943 年 9 月 2 日

1943 年 9 月 2 日，两架 He 219 A-0 型被交付给芬洛的第 1 夜间战斗机联队第一大队，这标志着 He 219 项目来到了一个新里程碑。这两架战机——工厂编号分别为 190051 和 190053，是第一批交付给前线的预生产型 He 219，也是第一批安装了新的"列支敦士登"SN-2 型雷达的 He 219。

## 1943 年 9 月 3 日至 4 日

9 月 3 日至 4 日夜间，无线电/雷达操作员赫尔穆特·费舍尔下士在荷兰上空跳伞后，撞上了他的座机——一架 Bf 110 G-4（由布鲁诺·艾克迈尔（Bruno Eikmeier）中尉驾驶）的尾部，严重受伤。费舍尔是一位经验丰富的空中无线电员，曾经跟随飞行员取得了 29 次空战胜利，在 1943 年 6 月 11 日至 12 日的晚上，他曾和维

无线电/雷达操作员赫尔穆特·费舍尔下士。

尔纳·斯特赖布一起飞行，当时是 He 219 首次参加战斗。经过长时间的住院治疗，1944 年 6 月，医生宣布费舍尔可以重返蓝天。在战争的最后几个月中，他与飞行员海因茨·奥洛夫（Heinz Oloff）中尉搭档，共同操作一架 He 219，并从被敌军击中的座机上成功逃脱了两次——得益于 He 219 的弹射座椅系统。

## 1943 年 9 月 5 日至 6 日

1943 年 9 月 5 日至 6 日的无月之夜，皇家空军轰炸机司令部派遣 605 架四引擎重型飞机前往曼海姆（Mannheim）和路德维希港（Ludwigshafen）——两地位于芬洛东南方向约 260 公里处，两架"雕鸮"——He 219 V10 和 V12 重新展开行动。其中，V12 由第一大队指挥官汉斯-迪特·弗兰克驾驶，而 V10 则是由第 3 中队中队长海因茨·施特吕宁中尉驾驶，他们的任务都是在夜空中展开自由猎杀行动。

零点 15 分，弗兰克在路德维希港西南偏西约 60 公里的皮尔马森斯（Pirmasens）东北 4800 米（15750 英尺）处击落了一架兰开斯特，这是他驾驶 He 219 所取得的第 7 个战果。几乎可以肯定，他的受害者是一架第 156 中队的兰开斯特（呼号 GT-Y，编号 JA858），该机在返回英国的途中在布伦舍尔巴赫（Brenschelbach）镇附近坠毁。这架兰开斯特轰炸机的澳大利亚飞行员约翰·普里查德（John Pritchard）后来报告说：

飞机右翼起火；右翼内侧起火，我们使用了灭火器。意识到飞机可能会因火灾而殉爆，在 18000 英尺处，机长下令弃机跳伞。投弹手、飞行工程师和领航员先后从飞机前方跳伞，飞行员和中上层炮手知道，他们必须尽快跳伞。于是我试图驾驶飞机下降。降到 7000 英尺时，我从燃烧的飞机中跳伞，我本以为所有人都逃离了飞机，但领航员第二天被德国人带去确认了中上层机枪手和后部机枪手的尸体。

丹尼斯·格鲁特中士和哈里·辛普森中士在这次行动中丧生，他们被埋葬在法国摩泽尔河畔的乔洛伊战争公墓。

也是在这个晚上，He 219 V10 成为第一架因在作战行动中被敌军击中而损失的 He 219。在凌晨 1 点左右，施特吕宁试图拦截一架正在返回英国途中的重型轰炸机，但是他第一轮射击没有击中目标。轰炸机的 5 名机枪手对这一威胁已经有所警觉，他们进行了还击（甚至还包括一些从下往上的射击），并击中了施特吕宁的座机，几乎可以肯定的是，V10 油箱调节阀的控制电缆在交火中损坏了——施特吕宁在返回芬洛的时候发现了这一点，他无法切换到 1 号油箱。由于每台发动机都失去了动力，施特吕宁和无线电员威利·布莱尔（Willi Bleier）军士长决定放弃他们的座机，并抛弃了座舱盖。然而，弹射座椅未能正常发射，可能是座椅动力系统在战斗中受损的结果。情况变得更加危险，两人被迫在古斯滕（尤利希的一个区，位于芬洛东南 50 公里处）上空逃离他们注定要坠毁的飞机，两人都采用了传统的自由跳伞，因此，他们都撞到了 He 219 的尾部并都受了伤。施特吕宁是一位拥有 40 次空战胜利记录的骑士十字勋章获得者，他幸运地活了下来，并住进了尤利希的一所医院。6 个月后，他恢复了飞行任务。然而，不那么幸运的是布莱尔，第二天，人们发现了他的尸体——他的降落伞没有打开。

## 1943 年 9 月 23 日至 24 日

作为 9 月 5 日至 6 日夜间空袭的后续行动，在 9 月 23 日傍晚，轰炸机司令部又向曼海姆派遣了 620 架重型轰炸机。为了掩护英军的行动，美军第八航空军还派出 5 架 B-17 轰炸机对达姆施塔特（Darmstadt）展开牵制性突袭。然而，这次"声东击西"并没有取得什么成效，因为其距离曼海姆太近了，在天气晴朗的情况下（能见度 10~20 公里），德军夜间战斗机可以清楚地看到敌军主力位于哪里。入侵的英军轰炸机群遭到了 200 多架德军夜间战斗机（包括双发和单发型号）的大规模拦截，其中许多在曼海姆上空扮演着"野猪（Wilde Sau）"的角色。在一个多小时的时间里（22 时 39 分—23 时 42 分），德军声称取得了 37 次空战胜利。英军实际损失 32 架重轰，有 6 架受创但返回了英国。

其中有两个战果由装备 He 219 的第 1 夜间战斗机联队第一大队的飞行员认领。22 时 50 分，沃尔特·绍恩（Walter Schon）中尉在马尔堡（Marburg）西南 3 公里的 5200 米（17100 英尺）高处对一架哈利法克斯轰炸机发动了攻击，该机位于轰炸机群北部约 75 公里处。绍恩的战果清晰无误——这是他第一次驾驶 He 219 战斗机。23 时 30 分，驾驶一架 Bf 110 G-4 战斗机的汉斯-迪特·弗兰克上尉声称自己击落了一架斯特林轰炸机。

## 1943 年 9 月 27 日至 28 日

9 月 27 日至 28 日夜间，英国皇家空军对汉诺威发动空袭。第 1 夜间战斗机联队第一大队

大队长汉斯-迪特·弗兰克上尉和他的无线电员埃里希·戈特军士长驾驶一架新交付的 He 219 战斗机（工厂编号 190053，机身号 G9+CB）升空作战，但不走运地与另一架德军夜间战斗机相撞。

弗兰克启动弹射座椅，成功从 He 219 中弹出，但在与飞机分离之前，他忘记拔掉无线电通话器的电缆，因而被活活勒死。遇难的时候，弗兰克已经取得了 52 个经过确认的夜间空战战果。1944 年 3 月，他被追晋为少校军衔，并被追授橡叶骑士十字勋章。戈特的尸体在空战几天后被发现，他要么是被抛出了飞机，要么是在没有人协助的情况下自己跳出了飞机，人们从飞机残骸中发现了他的弹射座椅，而且安全带也已经被解开了。

与弗兰克的 He 219 发生碰撞的夜间战斗机来自第 1 夜间战斗机联队第一大队队部，是一架梅塞施密特 Bf 110G-4（机身号 G9+DA），该机的 3 名机组成员也无一生还，包括：冈瑟·弗里德里希（Gunther Friedrich）上尉（第 1 夜间战斗机联队的技术官），维尔纳·格伯（Werner Gerber）中尉和威斯克（Weisske）下士。碰撞发生在策勒（Celle）西北约 25 公里处，He 219 在布吕根（Bergen）以南 5 公里处坠毁，这些地点均位于汉诺威以北约 40 公里处。

有研究者认为，之所以发生相撞事故，是由于弗兰克当时正在驾机躲避一架来自皇家空军第 141 中队的"英俊战士"战斗机的攻击。该机由"鲍勃"·布雷厄姆（"Bob" Braham）中校驾驶，他后来在报告中提到：

飞行员："鲍勃"·布雷厄姆

攻击地点：汉诺威以西 10 英里处

天气状况：天气晴朗，战斗区域内能见度良好。

1943 年 9 月 27 日 20 点 25 分，我们驾驶一架"英俊战士"VI 战斗机从科尔蒂瑟尔（Coltishall）起飞，前往不来梅地区进行入侵巡逻。20 时 32 分，我们飞越黑斯堡（Happisburgh），21 时 05 分，我们在德库伊（De Kooy）以南侵入敌占领土。当时，我们遭遇了敌军高射炮的精确射击，还有一些探照灯光照射过来，但灯光未能穿越云层。我们飞到不来梅南部，从那个方向接近这座城市，但看到一架敌机正在右舷宽阔的空域飞行。我们立即驾机进行了追击，经过 10 分钟的狗斗，在 14000 英尺的高度上，我终于占据了有利位置，即敌机正后方。这时，我认出它是一架 Do 217 型战斗机，我立即用机炮和机枪从 250 码到 150 码的距离上给它来了个三秒连射。敌机的两翼和机身都被击中了。敌机立即向左急速俯冲，身后冒着浓烟和火焰。我们和它一起俯冲转弯，并从 150 码远的地方用机炮和机枪进一步扫射，共持续了 2 秒钟，敌机突然爆炸了，迸发出大量的火焰，并坠落到地面上，在那里持续燃烧了 5 分钟。战斗发生在汉诺威以西约 10 英里处，天气晴朗，能见度良好（实际上当夜无月，月落发生在 18 时）。紧接着，我们在同一空域发现了一架身份不明的敌机，但我们无法跟上它，它很快就消失了。然后一架飞机（可能是一架轰炸机）在汉诺威以西上空坠毁。

时至今日，布雷厄姆中校当晚的这个战果与 190053 号机存在什么样的联系，尚待进一步考证。

也是在这个晚上，曼弗雷德·莫伊雷尔（Manfred Meurer）上尉，第 5 夜间战斗机联队第二大队指挥官，驾驶一架 Bf 110G-4，取得了他的第 57 次空中胜利，他击落了一架美军 B-17 轰炸机（隶属于第 8 航空军，是参加汉诺威空袭行动的 5 架"空中堡垒"之一）。1943 年 8 月初，莫伊雷尔被调离第 1 夜间战斗机联队第一大队——他在那里担任第 3 中队的指挥官，转而去指挥第 5 夜间战斗机联队第二大队。但现在随着汉斯-迪特·弗兰克的阵亡，莫伊雷尔很快就被安排回到他以前的部队——第 1 夜间战斗机联队，并担任第一大队指挥官。

轰炸机司令部认为，这次针对汉诺威的空袭是失败的：皇家空军后来拍摄的侦察照片显示，大部分炸弹落在了市中心以北几公里处的空旷乡村。而且，英军还付出了巨大代价：39 架轰炸机司令部的飞机（还有 1 架 B-17）被击落，而其他飞机也遭受了不同程度的战损。

## 1943 年 10 月

据驻扎在芬洛的第 1 夜间战斗机联队第一大队报告，截至 1943 年 10 月 1 日，共有两架 He 219——即 He 219 A-01（工厂编号 190051）和 He 219 V12 已经准备好投入战斗。该部队还报告说在这个月内将有 5 架新的 He 219 抵达：

工厂编号 190054，于 10 月 11 日接收；

工厂编号 190055，于 10 月 10 日接收；

工厂编号 190056，于 10 月 13 日接收；

除此之外，另外两架 He 219（工厂编号分别为 190057 和 190059），均于当月下旬接收。

1943 年 9 月 24 日，无线电员埃里希·施耐德（Erich Schneider）三等兵在芬洛首次搭乘夜间战斗机（梅塞施密特 Bf 110）进行了飞行。巧合的是，这也是他与经验丰富的恩斯特-威廉·莫德罗（Ernst-Wilhelm Modrow）上尉共同执行的第一次飞行任务。在接下来的几周里，两人将过渡到 He 219 上，并成为战争中最成功的 He 219 机组。在 10 月 14 日至 22 日的 9 天时间里，他们在新的亨克尔夜间战斗机上获得了宝贵的经验,两人驾驶 He 219 V7 飞行了 11 个小时,仅在 19 日,两人就执行了两次飞行任务。

1943 年 10 月也是 He 219 服役历史的一个里程碑,标志着这种机型终于进入前线中队服役了,在此之前,"雕鸦"均隶属于第 1 夜间战斗机联队第一大队队部。10 月 31 日,莫德罗和施耐德驾驶机身号为"G9+MK"的 He 219 在芬洛上空飞行了 18 分钟。几天后,他们驾驶另一架 He 219(机身号"G9+NK")执行了类似的飞行任务。从机身号末端的"K"就可以看出,这两架飞机都被分配到了第 1 战斗机联队第 2 中队。

## 1943 年 10 月 18 日至 19 日

1943 年 10 月 18 日至 19 日晚上,汉诺威再次成为轰炸机司令部的攻击目标,在傍晚时分,360 架兰开斯特轰炸机从它们的英国基地起飞,攻击时间定在日落和月出之间(分别在大约 17 点 40 分和 21 点 00 分)。这也是轰炸机司令部在 1943 年 9 月和 10 月期间针对汉诺威实施的四次空袭中的最后一次,前一次空袭在 9 天前进行,对汉诺威市中心造成了巨大的破坏。

为了应对英国人的进攻,德军夜间战斗机部队派出了大约 250 架夜战飞机。其中,新任命的第 1 夜间战斗机联队第一大队指挥官——曼弗雷德·莫伊雷尔上尉驾驶着一架 He 219。在恶劣的天气条件下,莫伊雷尔斩获了当晚的第一个战果,也是他驾驶 He 219 战机所取得的第一个战果,他在 20 时 05 分的时候击落了皇家空军第 103 中队的兰开斯特轰炸机(呼号 PM-E,编号 JB279),当时,这架轰炸机位于汉诺威西北 45 公里处的尼恩堡(Nienburg)北部上空,飞行高度为 5200 米(17000 英尺)。在应对莫伊雷尔的猛攻时,JB279 号兰开斯特似乎采取了规避措施(也很可能是失去了控制),它与另一架兰

开斯特(呼号 OF-O,JB220 号,隶属于第 97 中队)相撞,导致两架飞机同时坠毁。轰炸机司令部在这次行动中损失了 18 架兰开斯特,其中一架是轰炸机司令部自战争开始以来在战斗中损失的第 5000 架飞机。

## 1943 年 10 月 20 日至 21 日

10 月 20 日至 21 日夜间,几天前才刚交付给第 1 夜间战斗机联队第一大队的 He 219 A-04(工厂编号 190054)在对敌军轰炸机进行拦截时失踪。21 时 30 分,沃尔特·绍恩中尉通知地面控制中心,他与敌人的四引擎轰炸机发生了接触。但随后联系便中断了,地面中心没有得到进一步的消息。在通讯中断的几个小时内,人们开始搜寻这架失踪的飞机,10 月 21 日上午,绍恩的飞机残骸(机身号 G9+CB)被斯托贝克镇(Storbeck)的居民发现,该镇位于施滕达尔(Stendal)西北约 20 公里处。这架飞机以近乎垂直的俯冲姿态坠入一片田野,形成了一个宽八米、深三米的大坑。绍恩和他的无线电员乔治·马罗茨克(Georg Marotzke)下士的尸体后来在离坠机地点两公里的奥斯特堡(Osterburg)附近被发现,他们都躺在弹射座椅附近。两人当晚究竟遭遇了什么,这仍然是一个未解之谜。不过,当晚的飞行条件确实非常具有挑战性,在 3000 米(约 10000 英尺)以上有厚厚的云层,温度也非常低。轰炸机司令部的记录将当晚的飞行条件描述为"骇人听闻",德国空军夜间战斗机部队至少损失了两架 Bf 110,而第 300 战斗机联队(JG 300)和第 301 战斗机联队(JG 301)的几架单引擎夜间战斗机也因类似原因而失事。直到因不明原因丧生,绍恩共赢得了 9 次空战胜利,其中一个战果是在 9 月份驾驶 He 219 战斗机时所取得的。

## 1943 年 10 月 22 日至 23 日

皇家空军轰炸机司令部在 1943 年 10 月 22 日至 23 日夜间蒙受了重大损失，当时有 569 架重型轰炸机（322 架兰开斯特和 247 架哈利法克斯）被派去攻击卡塞尔。在这次任务中，哈利法克斯轰炸机的损失率特别高，有整整 25 架未能返回基地，占总数的 10% 以上。在空袭中损失的 18 架兰开斯特中，有一架是被 He 219 击落的。21 时 15 分，第 1 夜间战斗机联队第一大队指挥官曼弗雷德·莫伊雷尔上尉在卡塞尔西北偏北 35 公里处，即布林赫（Blinhe）和哈布里克（Haarbrlick）之间，在 6000 米（19700 英尺）的高度击落了皇家空军第 61 中队的一架兰开斯特（呼号 QR-A，编号 W4357）。尽管德国空军作出了强有力的回击，但空袭仍然毁灭了卡塞尔——估计有 1 万名平民在轰炸和随之而来的大火中丧生，10 万人无家可归。这一夜，皇家空军开始实施"科罗娜"行动。"科罗娜"是一个英国本土无线电广播电台的代号——该电台就位于肯特郡的金斯敦（Kingsdown），在那里，讲德语的操作员试图打断和扰乱德军夜间战斗机的机组人员和地面控制人员之间的通信。轰炸机司令部的官方历史描述说，在某一时刻，一个德国地面控制人员说了相当多脏话，科罗娜的声音回应说："英国人现在在说脏话。"然后德国控制员抢着说："不是英国人在说脏话，是我。"

## 1943 年 11 月 2 日

1943 年 11 月 2 日，在德律风根公司对 He 219 A-011（工厂编号 190061）搭载的 SN-2 型机载雷达进行校准后，将其移交给位于柏林迪

彭塞机场的莫德罗上尉。此前，莫德罗和无线电员埃里希·施耐德曾共同乘坐一架福克-沃尔夫 Fw 58 从芬洛飞到柏林，并驾驶这架崭新的夜间战斗机返航，他们于 14 时 40 分抵达芬洛。整个 11 月，共有 2 架 He 219 交付第 1 夜间战斗机联队第一大队，上面的 He 219 A-011 是其中一架，另一架可能是 He 219 A-012（工厂编号 190062）。

## 1943 年 11 月 3 日至 4 日

11 月 3 日至 4 日夜晚，曼弗雷尔·莫伊雷尔上尉在荷兰上空 6000 米（19700 英尺）处击落了一架哈利法克斯轰炸机（呼号为 KN-G，编号 JD321），这是他驾驶 He 219 所取得的第三次空战胜利（也是他的第 60 个战果）。莫伊雷尔的受害者来自皇家空军第 77 中队，它在蒂尔堡（Tilburg）东北约 14 公里的亥尔沃特（Helvoort）附近坠毁，8 名机组成员全部遇难。这也是 1943 年 He 219 夜间战斗机所取得的最后一个战果。

## 1943 年 10 月至 12 月

与任何刚进入前线服役的新机型一样，He 219 也暴露出一些问题。其中绝大部分是相对较小的问题，但是到了 1943 年 11 月初，情况已经恶化到了被迫将该型号撤出战斗行动的程度。11 月 5 日，在柏林举行的夜间战斗机会议上，冯·罗斯贝格（von Lossberg）上校宣布了停用 He 219 的决定，这个决定无疑受到了容克斯公司的欢迎，他们希望自己推出的新型多用途飞机——Ju 388 能够取代 He 219 夜间战斗机的角色。

自 1943 年春天以来，位于芬洛的亨克尔战地技术服务单位（简称 TAD）与第 1 夜间战斗机

联队第一大队保持着密切的工作关系，其为该部队装备的 He 219 战斗机处于良好的适航状态做出了贡献。但在 10 月，由于问题不断涌现，这种关系受到了考验。最严重的问题是燃料泄漏。在起飞过程中，地勤人员经常看到加满油的 He 219 从机身底部的通风口流出燃料。燃料会沿着机身底板流淌，流入每一个开口，包括机腹侧舱门周围的弧形区域。此外，燃料还会在舱壁之间汇集。好在技术人员立即采取了措施来纠正燃料和电气设备位于机身同一区域的严重问题，否则很可能会发生内爆。但随着欧洲进入冬季，恶劣天气开始到来，问题继续浮现。特别是 He 219 的燃料泄漏问题由来已久，早在"施韦夏特"工厂进行试验时就已经有相关投诉传到空军高层耳朵里，到现在为止，投诉越来越多。影响 He 219 夜间战斗机的另一个重要问题是加热不良，尤其是在高空飞行的时候，其加热系统往往不堪重负，座舱起雾结冰现象严重。特别是装甲挡风玻璃，经常结冰，并成了前线官兵投诉的主要源泉。在战斗飞行中，就曾有这样的例子出现：He 219 飞行员在无线电员的引导下进入一个有利的射击位置后，他的视线从自己的仪表盘离开，却只看到一面结满冰霜的玻璃。降落时也同样充满了危险，即使对于经验丰富的飞行员也是如此，因为座舱盖通常都结满了冰霜。这一问题十分严重，第一大队指挥官莫伊雷尔上尉只能考虑禁止那些没有经验的飞行员驾驶 He 219，直到问题得到纠正为止。

在这一时期，由于可用零部件供应不良，在 He 219 的维护和维修方面也出现了问题。第 1 夜间战斗机联队第一大队根本无法获得足够的零部件，即使他们仅有几架 He 219 战斗机，维修工作也难以为继，轮胎是他们唯一可以通过常规供应渠道轻易获得的零部件。此时，

He 219 的零部件可以说是极度匮乏，为了保持某些飞机的适航性，其他的飞机就只能停用并拆下零部件。第 1 夜间战斗机联队第一大队曾要求为他们的 He 219 战斗机安装一个主从式罗经（安装在机身后部），但此时仍不确定厂方能否提供这一设备。事实上，早在 1943 年 5 月 31 日，在 He 219 正式移交芬洛的时候，第一大队就曾在备忘录中列出了提供这种罗经的要求（被列为第 12 项）。

在此期间，He 219 装备的新型"列支敦士登"SN-2 机载雷达的情况也受到了关注。在 11 月 5 日举行的夜间战斗机会议上，冯·罗斯贝格报告说："目前，已经有 42 台 SN-2 已经从工厂下线并交付给夜间战斗机使用。然而，SN-2 的故障率很高，每三次随战斗机起飞，这种雷达就有一次出问题。事实上，该设备仍处于其发展阶段，远没有达到完善的程度。在 49 架搭载 SN-2 的战机中，估计只有 12 架能够正常使用这种雷达，其他的都因为雷达本身出了故障或因其他原因而无法运行。"在对可修复的 SN-2 雷达的数量进行评论时，冯·罗斯贝格举了驻扎在居特斯洛（Gutersloh）的第 2 夜间战斗机联队的例子，该联队共拥有 13 台 SN-2 雷达（装备 Ju 88 夜战型），但其中只有 3 台可以正常使用，此外，他还指出，负责维修新设备的装配工和专业技术人员也严重短缺。

有几架 He 219 被从芬洛转运到雷希林测试中心，在那里进行了必要的维修工作，使飞机恢复到可以使用的状态。11 月 26 日，由莫德罗和施耐德驾驶一架 He 219（机身号 G9+NK）飞往雷希林测试中心，两人在同一天再驾驶一架福克-沃尔夫 Fw 58 飞回芬洛。

尽管在此期间困难重重，但至少有一架 He 219 在 1943 年 11 月执行了战斗任务。在 11 月 17—18 日以及 26—27 日的夜晚，一架 He 219

分别起飞执行了夜间自由猎杀任务。几乎可以肯定的是，飞行员是莫伊雷尔，身边还有他的老搭档——格哈德·沙伊贝。（12 月 10 日，沙伊贝成为首位被授予极度珍贵的骑士十字勋章的夜间战斗机无线电员——在整场战争中，仅有少数夜间战斗机无线电员获得了这一殊荣）。

为了解决第 1 夜间战斗机联队第一大队所反映的 He 219 身上反复出现的痼疾，1943 年 12 月初，帝国航空部制定了更严格的 He 219 检查飞行标准。在离开工厂后，交付给前线部队前，每架新飞机必须按要求完成两小时的检查程序，包括以下测试项目：

1. 驾驶新飞机爬升到 7000 米（23000 英尺），期间飞行员需要对发动机进行全面检查。在这一阶段，无线电员需要对无线电设备进行检查，包括 FuG 16、FuG 10、低频空地无线电和其他装置。（虽然没有特别提到，但在这一阶段，两人还需要对驾驶舱的加热和除雾系统进行全面检查。）

2. 两架新飞机在指定地点会合，双方需要打开"列支敦士登"SN-2 雷达，互相进行探测，以测试雷达是否可用。

3. 对降落和自动返航系统进行测试。

4. 飞机在 2000 米（6600 英尺）的高度平飞，然后飞行员对其操控特性（控制力、控制效果等）进行评估。

5. 在降落前不久，飞机飞过一个甚高频无线电信标（高度约 200 米），以检查 FuG 101 无线电高度计的参数是否准确。

1943 年 12 月，芬洛的 He 219 战斗机活动非常低迷，在这个月里，亨克尔工厂没有向第 1 夜间战斗机联队第一大队交付任何 He 219，与此同时，还有 4 架该型战机（工厂编号分别为 190051，190055，190057 和 190059）被转交给了测试部队。因此，到年底仅剩下 3 架 He 219 还能升空作战。

12 月 2 日，第 1 夜间战斗机联队第 2 中队的海因茨·奥洛夫中尉首次驾驶一架 He 219 战斗机飞上天空，这架飞机的机身号为 G9＋EB。除了这几次飞行外，芬洛的 He 219 部队基本陷入沉寂状态，无线电员埃里希·施耐德的飞行记录可以证实这一点。在 10 月和 11 月期间，施耐德搭乘 He 219 飞行了 17 次，在 1944 年 1 月，他搭乘 He 219 飞行了 23 次。然而在 1943 年 12 月，他没有搭乘 He 219 进行任何飞行，这段时间他都是乘坐 Bf 110 夜间战斗机升空作战的。

# 第 2 节　保卫帝国夜空的战斗

## 1944 年 1 月

1944 年 1 月，亨克尔工厂恢复了向第 1 夜间战斗机联队第一大队交付 He 219 的工作，该部队从施韦夏特接收了以下新飞机：

He 219 A-015 ＊，工厂编号：190065；

He 219 A-017 ＊，工厂编号：190067；

He 219 A-020 ＊，工厂编号：190070；

He 219 A-022 ＊，工厂编号：190072；

He 219 A-023，工厂编号：190073；

He 219 A-024，工厂编号：190074；

He 219 A-025 ＊，工厂编号：190075；

He 219 A-026，工厂编号：190097；

He 219 A-028，工厂编号：190099；

He 219 A-029，工厂编号：190100。

亨克尔工厂早些时候报告说，有 5 架新 He 219 战斗机（上文带＊号的）可以在 12 月 8 日交付，但是，由于前文提到的原因，这个过程被推迟了几个星期。1 月 8 日，莫德罗和施耐德前往施韦夏特领走了工厂编号为 190072 的

He 219，并飞往芬洛。随着上述战机陆续交付，第一大队也开始了从梅塞施密特 Bf 110 到 He 219 的换装过渡。然而，转换是一个缓慢的过程，到 1944 年 3 月底，该部队仍然混合使用梅塞施密特和亨克尔夜间战斗机。值得注意的是，该部队的战斗力在过渡时期明显下降。在 1943 年的前三个月，该部队取得了 45 场空战胜利，而在 1944 年的同一季度，只取得了 13 场空战胜利。其中 5 个战果是由 He 219 取得的。不过，在 4 月、5 月和 6 月，随着机组人员熟悉了他们的新飞机，成功率开始急剧攀升。

## 1944 年 1 月 14 日至 15 日

1 月 14 日傍晚，英国对布伦瑞克市区发动大规模空袭，德国空军夜间战斗部队出动了 160 多架夜间战斗机与之展开对抗。其中，一架 He 219（G9+CK）于 18 时 04 分从芬洛空军基地起飞。对于搭乘该机起飞迎战的无线电员埃里希·施耐德而言，这是他的第 10 次战斗飞行，但却是他首次搭乘 He 219 展开战斗，而且几乎可以肯定，这也是莫德罗首次驾驶亨克尔夜间战斗机执行战斗任务。不过，在这个夜晚他们注定劳而无功，尽管他们与敌机发生了接触，但并未能取得战果。在飞行了 1290 公里之后，他们于 20 时 45 分降落在莱茵-美因空军基地，第二天早上又飞了 47 分钟回到芬洛。当晚，轰炸机司令部共损失了 38 架飞机，占派往布伦瑞克飞机总数的 7.6%，但这次空袭本身并不成功，因为许多炸弹都被扔到了位于目标以南的空旷农村。

## 1944 年 1 月 20 日至 21 日

由于轰炸机司令部于 1943 年 11 月 18 日至 19 日夜间针对柏林的大规模轰炸没有达到预期效果，1944 年 1 月 20 日至 21 日夜间，其继续完成这一艰巨的任务，轰炸机司令部向帝国首都派遣了 759 架四引擎重型轰炸机和 10 架蚊式。然而，由于天气条件恶劣，德国夜间战斗机部队的反应有些迟钝。第 1 战斗机军（Jagdkorps）只有 98 架夜间战斗机——约占德国空军现有夜间战斗机总数的三分之一——全线出击以应对皇家空军的突袭。在这些战机当中只有一架 He 219，即由莫德罗上尉和施耐德三等兵驾驶的"G9+AK"，他们于 20 日 16 时从芬洛起飞。但此时，皇家空军对柏林的攻击已经持续了 40 分钟，因此，他们只能寄希望于在敌机返航时对其展开拦截。结果是，两人未能发现返航的英军轰炸机，他们只能空手而归，于 22 时 15 分降落在芬洛。

## 1944 年 1 月 21 日至 22 日

莫德罗上尉和施耐德三等兵在 1 月 21 日至 22 日晚上也很活跃，当时轰炸机司令部向马格德堡派遣了 645 架重型轰炸机。21 时 15 分，两人驾驶一架 He 219（G9+AK）从芬洛起飞，经过三个多小时的飞行，于零点 37 分空手而归（他们在这个晚上没有取得成功，可能是由于机载 SN-2 雷达失灵的问题）。

然而，对于夜间战斗机部队来说，1 月 21 日至 22 日的夜晚是一个灾难之夜。两位非常成功的夜间战斗机王牌飞行员——都是拥有近 150 场胜利的骑士十字勋章橡叶饰获得者——在战斗中丧生。其中包括新任命的第 2 夜间战斗机联队指挥官——空军上尉海因里希·祖·萨彦-维特根施坦因亲王（Heinrich Prinz zu Sayn-Wittgenstein），他的座机 Ju 88 夜间战斗机被兰开斯特重轰的火力击落，最终战绩定格在 83

架。另外，第 1 夜间战斗机联队第一大队的指挥官曼弗雷德·莫伊雷尔也在这个晚上阵亡。24 岁的莫伊雷尔和他的无线电员格哈德·沙伊贝军士长驾驶他们的 He 219 与一架兰开斯特相撞，两人当场阵亡。第 1 战斗机军的战争日志记载道："莫伊雷尔上尉的飞机在半空中与一架英国轰炸机相撞。两架飞机都坠毁了，它们的残骸相距不到 600 米。"然而，这次损失的确切情况并不清楚，也有报道说莫伊雷尔和沙伊贝被他们正在攻击的兰开斯特轰炸机的碎片击中，从而丧生。实际上，夜间战斗机被自己猎物碎片击中的情况并不鲜见。在大多数情况下，这是因为在夜间追击中，攻击者和目标之间的距离相对较短。然而，对于 He 219 来说，这种不利影响被亨克尔夜间战斗机异常强大的火力放大了。

莫伊雷尔驾驶的 He 219（工厂编号 190070，G9+BB）是本月早些时候交付给第 1 夜间战斗机联队第一大队的新飞机之一，在午夜前不久坠毁于马格德堡以东约 20 公里处。在当晚早些时候，也就是 23 时 10 分，莫伊雷尔在马格德堡上空击落了一架哈利法克斯轰炸机。然而，由于好几架英军重型轰炸机在同一时间在马格德堡上空被击落（轰炸机司令部在这次空袭中损失了 57 架重型轰炸机），因此无法确认究竟谁才是莫伊雷尔的受害者。莫伊雷尔在这个晚上击落的两架轰炸机后来被记为他的第 62 次和第 63 次空战胜利。

在莫伊雷尔阵亡的几天之后，保罗·福斯特（Paul Forster）上尉被任命为第 1 夜间战斗机联队第一大队的指挥官。42 岁的福斯特是一名经验丰富的老飞行员。1940 年，在第 1 驱逐机联队（ZG 1）服役期间，他在西欧战役中取得了多个战果。不过随后福斯特的座机被击落，他本人也严重受伤。养好伤后，福斯特被任命为

飞行教练。1943 年，他重新接受训练并成为一名夜间战斗机飞行员，6 月被分配到第 1 夜间战斗机联队第一大队。1944 年，福斯特驾驶一架 Bf 110 G-4 取得了三次夜间胜利（1943 年 6 月 21 日至 22 日，7 月 25 日至 26 日和 11 月 19 日至 20 日），并于 1943 年 9 月将 He 219 V7 从低空失速中改出，使该机免遭坠毁的命运。1944 年，福斯特驾驶 He 219 又取得了两次夜间空战胜利。

也是在这个时候，维尔纳·巴克中尉被提升为第 1 战斗机联队第 2 中队的指挥官。

## 1944 年 1 月 27 日至 28 日

轰炸机司令部继续派出 515 架兰开斯特和 15 架蚊式在 1 月 27 日至 28 日的无月之夜飞往柏林。在展开突袭之前，皇家空军在荷兰海岸附近和赫尔戈兰群岛上空进行了一系列精心策划的佯攻，吸引了部分德国夜间战斗机部队，成功地转移了德国空军的注意力。其中一架被吸引到这些次要目标的德军夜间战斗机就是第 1 夜间战斗机联队第 2 中队的 He 219（G9+AK），由莫德罗上尉和施耐德三等兵驾驶。两人于 18 时 32 分从芬洛起飞，在"巴兹（Bazi）"雷达站的指挥下飞行了近一个小时，但未能与敌机成功接触，于是在 19 时 26 分按照命令降落在芬洛。然而，两小时后，他们再次接到出击命令，并于 21 时 25 分从芬洛起飞，在"戈德卡弗（Goldkafer）"雷达站的指挥下（位于德国边境，奈梅亨以东）巡逻，在那里，他们打算拦截返航的英军轰炸机。不过，这次巡逻再次徒劳无功。莫德罗和施耐德于 23 时 36 分返回芬洛。

## 1944 年 1 月 28 日至 29 日

柏林再次成为轰炸机司令部的攻击目标，1

月 28 日至 29 日夜间，673 架重型飞机和 4 架蚊式被派往柏林，攻击计划在凌晨 3 点后展开。莫德罗和施耐德再次成为应对英军入侵的防御者之一。不过，他们的起飞被推迟了，因为机场遭到了蚊式的袭击，直到凌晨 4 时 15 分，He 219（G9+AK）才从芬洛起飞。由于未能发现敌机，他们于 5 时 36 分返回基地。芬洛是德国空军部署在荷兰的几个夜间战斗机的主要机场之一，当晚，其被装备"双簧管"的蚊式轰炸；这些空袭旨在压制德国夜间战斗机的活动，以作为攻击柏林的前奏。在 2 月 15 日至 4 月 12 日期间，还有更多的蚊式对夜间战斗机机场进行了轰炸，但就目前所知，没有任何一架 He 219 在这些袭击中损失。

## 1944 年 1 月 30 日至 31 日

莫德罗和施耐德于 1 月 30 日至 31 日夜间再次出动，当时轰炸机司令部派遣了 522 架重型轰炸机和 12 架蚊式前往柏林，攻击计划于 20 时 15 分展开。这天晚上，他俩驾驶 He 219（G9+AK）从芬洛出发，进行了两次飞行：首先于 20 时 55 分起飞，21 时 27 分降落，然后于 21 时 59 分再次起飞。由于设备故障，他们被迫返回基地，地勤人员显然很快就排除了故障。在第二次升空后，他们接到命令，要在"戈德卡弗"雷达站的引导下巡逻，等待轰炸机群返航。然而，结果是，他们未能与敌机发生接触，于是他们在 22 时 42 分空手返回芬洛。

## 1944 年 2 月

截至 1944 年 2 月初，第 1 夜间战斗机联队第一大队共拥有 9 架 He 219，并且在当月又接收了 9 架新飞机。不过，该大队将继续使用梅塞施密特 Bf 110 夜间战斗机执行战斗飞行任务，事实上，该大队在 2 月份声称的战果——4 架敌方重型轰炸机都落在了 Bf 110 的头上，没有一架是由 He 219 击落的。战果下降的部分原因是气象条件不佳，以及轰炸机司令部在该月的前两个星期相对沉寂。但是仅仅这些因素并不能解释为什么亨克尔夜间战斗机几乎没有参加战斗行动。He 219 在去年 11 月曾被停飞，而在 1 月 1 日，第一大队的指挥官曼弗雷德·莫伊雷尔在驾驶 He 219 时阵亡，这是第二位在 He 219 上阵亡的指挥官。似乎在整个 2 月，He 219 被撤出了夜间行动，或者说，充其量只是被少量使用。在这一时期，由于季节因素，包括日照时间减少、降雪、低云、地面雾霾和冬季风暴，机组人员换装亨克尔夜间战斗机的速度也大大减缓了。

从施耐德的飞行日志中即可以看出 He 219 活动水平的降低：在 2 月份他和莫德罗一起驾驶 He 219 飞行了 10 次，但没有一次是战斗飞行。施耐德在 2 月份唯一的战斗飞行是搭乘 Bf 110 G-4（G9+IK）进行的（也是和莫德罗一起）。相比之下，施耐德在 1 月份总共搭乘 He 219 执行了 8 次战斗飞行任务。同样的，在 2 月份，海因茨·奥洛夫中尉只驾驶 He 219 飞行了三个架次（3 日驾驶 G9+FK，4 日驾驶 G9+BK，28 日驾驶 G9+HK），而且这些飞行任务也都不是为了打击敌人。

1944 年 2 月，又有五架新 He 219 交付第 1 夜间战斗机联队第一大队：

He 219 A-027，工厂编号：190098；

He 219 A-031，工厂编号：190102；

He 219 A-033，工厂编号：190104；

He 219 A-036，工厂编号：190107；

He 219 A-039，工厂编号：190110。

2 月 17 日，德国空军第 3 战斗机师

(JagdDivision)的一份公报称，工厂编号 190098 的 He 219 被分配给了第 1 夜间战斗机联队第一大队，并且已经安排将该机运送至芬洛。这份电文被盟军拦截，并在九天后被解密读取。盟军情报人员在解密电文中添加了一个注释，指出 1943 年 10 月的一份德军报告中曾提到工厂编号为 190062 的 He 219 于 10 月 24 日交付给第一大队。因此，基于这两份报告，盟军情报部门已经得出结论，在这两个月期间，亨克尔一共生产了 37 架 He 219(至少)。然而，实际上，这个数字要低得多，因为 He 219 的工厂编号并没有从 190062 一直延续至 190098，其工厂编号一直延续至 190075，然后从 190097 重新开始。

## 1944 年 2 月 1 日

1944 年 2 月 1 日，工厂编号为 190061 的 He 219 被从芬洛的第一大队派往雷希林测试中心进行测试。

## 1944 年 2 月中旬

2 月 13 日，莫德罗上尉和施耐德三等兵驾驶一架 He 219(G9+AK)从芬洛出发进行目标展示飞行(10 点 17 分起飞，11 点 17 分降落)。2 月 18 日，他们驾驶 He 219(G9+KK)从芬洛飞往比利时的圣特龙(St. Trond)空军基地，这是第 1 夜间战斗机联队第二大队的大本营，在停留 5 小时后，两人驾驶 He 219 于 16 时 56 分返回芬洛。这次停留的目的不详，但很可能是为了让第二大队的人员近距离观察新型夜间战斗机，以期待该大队在未来几周内将现有装备转换为 He 219。它也可能有其他目的，包括让空军战斗机和高射炮兵熟悉新的夜间战斗机，以减少友军误伤的风险。

## 1944 年 2 月 25 日

1944 年 2 月 25 日，He 219 V12 被敌军摧毁，在一次空袭中，机库屋顶塌陷，砸毁了这架飞机。这次空袭是由美国第 387 轰炸机大队的 54 架 B-26 轰炸机所执行的，作为"大轰炸周(Big Week)"的一部分，盟军计划在 2 月 20 日至 25 日期间针对德国的航空工业设施和空军基地展开空袭。据报道，这架损毁的 He 219 V12 配有 G9+FK 的标记，表明它已经被分配到了第 1 夜间战斗机联队第 2 中队。此后，G9+FK 的机身号被重新分配给另一架 He 219，4 月 18 日，德国空军曾广泛发布过该机的照片。

## 1944 年 3 月

第 1 夜间战斗机联队第一大队报告说在 1944 年 3 月有 4 架新的 He 219 从施韦夏特抵达。其中两架是：He 219 A-032(工厂编号 190103)和 He 219 A-034(工厂编号 190105)，它们于 2 月 25 日飞往芬洛。另外两架 He 219 的身份不确定，就目前的情况来看，它们可能是以下几架：He 219 A-037(工厂编号 190108)，He 219 A-038(工厂编号 190109)，或者 He 219 A-040(工厂编号 190111)。1944 年 5 月 1 日，第 1 夜间战斗机联队的指挥官维尔纳·斯特赖布被提升为夜间战斗机部队总监，他一直担任这一职务直到战争结束。

## 1944 年 3 月 24 日至 25 日

在 3 月 24 日至 25 日的无月之夜，轰炸机司令部派遣 793 架重型轰炸机和 18 架蚊式前往柏林，这将是英国对这座城市的最后一次空袭(但蚊式的袭击将持续到战争结束），这次战斗中，He 219 部队的表现较为活跃。驻扎在芬洛的第 1 夜间战斗机联队第一大队的早晨行动报告列出了以下内容：

18 时 46 分，莫德罗驾驶一架 He 219 起飞，以执行"蚊式狩猎（Mosquito-Jagd）"任务。三个小时后，即 21 时 50 分，他回到了基地。（莫德罗通常与埃里希·施耐德一起飞行，但在这天晚上，他与另外一名无线电员一起执行了任务。）

22 时 59 分，一架 He 219 从芬洛起飞，在荷兰韦尔特（Weert）镇附近的"特鲁特哈恩（Truthahn）"雷达站的引导下，这架 He 219 进行了战斗巡逻。然而，由于机组人员未能找到敌机，他们随后飞去鲁尔区上空并进行自由狩猎。

约瑟夫·纳布里希（Josef Nabrich）中尉和弗里茨·"皮特"·哈比特（Fritz "Pitt" Habicht）驾驶一架 He 219（同行的还有三架 Bf 110 夜间战斗机）起飞，并在"冷甲虫（Coldkafer）"雷达站的引导下进行巡逻。这架 He 219 大约于 22 时 40 分升空，被安排执行"地面雷达引导下的自由夜间空战"任务（执行此类任务的夜间战斗机也被称为"家猪（Zahme Sau）"部队）。23 时 45 分，他们宣称击落了一架四引擎轰炸机，可能是一架兰开斯特，当时的飞行高度为 6000 米（19700 英尺）。随后这架 He 219 在零点 24 分着陆。

这份报告被盟军情报部门截获，并在三周后解密。

在战争的这一阶段，不断对德国城市发动夜袭的轰炸机司令部的损失开始陡增。为了压制德国夜间战斗机的活动，皇家空军的蚊式开始频繁轰炸低地国家的机场，通常是在傍晚时分，与此同时，重型轰炸机则准备从英格兰东部的基地起飞对德国城市进行轰炸。最近一次

对德国夜间战斗机机场的攻击发生在 3 月 18 日至 19 日，以及 22 日至 23 日的夜间。当时，法兰克福成为了轰炸机司令部的目标。3 月 24 日至 25 日夜间，蚊式再次对夜间战斗机部队机场展开轰炸。3 月 24 日至 25 日夜间，轰炸机司令部向德军夜间战斗机机场派出了 27 架蚊式。由于在这个时候军方认为 He 219 是少数能够猎杀蚊式的机型之一，因此莫德罗可能扮演了保护芬洛和其他机场免受蚊式攻击的角色。事实上，这一点从他的起飞时间也可见一斑——18 时 46 分，也就是日落前的几分钟。

纳布里希在这个晚上击落的四引擎轰炸机是他驾驶 He 219 所取得的第一场空战胜利（也是他的第 6 个战果）。同样在这个晚上取得胜利的还有海因茨·施特吕宁，他当时驾驶了一架梅塞施密特 Bf 110 G-4 取得了自己的第 41 个战果。在接下来的几周里，他将成为 He 219 的王牌，事实上，施特吕宁驾驶亨克尔战斗机取得了 15 场空战胜利！他的战果中还包括两架蚊式。（奇怪的是，在正式记录中，纳布里希击落敌机的时间是在零点 30 分，也就是他降落后的 6 分钟。巧合的是，这也是施特吕宁取得战果的时间。而且，这两个人都隶属于第 1 夜间战斗机联队第 3 中队，两人的击坠记录不知为何被混为一谈了。）

当天晚上，第 1 夜间战斗机联队第一大队的指挥官保罗·福斯特驾驶了一架 Bf 110 夜间战斗机。作为指挥官，福斯特与隶属于该大队队部的战斗机一起飞行，队部通常配备了最新和维护最好的战机——此时是 He 219。因此，福斯特为什么要驾驶 Bf 110 战斗机是一个未解之谜。在接下来的几个月里，他将驾驶亨克尔夜间战斗机取得两次空战胜利。

另外，值得注意的是，维尔纳·菲克（Werner Fick）技术军士在这个晚上也驾驶了一

架 Bf 110 战斗机，一个月后，他在驾驶一架 He 219 战斗机时阵亡。

## 1944 年 3 月 26 日至 27 日

轰炸机司令部于 3 月 26 日至 27 日夜间向埃森派遣了 683 架重型轰炸机和 22 架蚊式。埃森位于高度工业化的鲁尔区的中心，处于好几支夜间战斗机部队的保护之下，包括芬洛的装备有 He 219 的第 1 夜间战斗机联队第一大队。然而，当晚的防御行动受到了恶劣天气条件的阻碍，当夜 6000 米高空云层密布，并有结冰的危险。第 1 战斗机军派出了一支规模相对较小，但经验丰富的"家猪"机组人员所组成的部队来抵御这次轰炸。此外，第 3 战斗机师的部队被置于"希姆贝尔（Himmelbell）"雷达的指挥下，在荷兰南部空域进行战斗巡逻，希望能在回程时逮住英军轰炸机。但结果是，轰炸机司令部在空袭埃森的行动中只损失了 9 架重型轰炸机。其中 He 219 没有击落一架敌机，也没有发现当晚任何有关 He 219 的出击记录。事实证明，这一夜的天气状况对德军夜间战斗机来说非常不利，德军损失了整整 20 架双引擎的夜间战斗机，其中许多飞机在寻找降落点时耗尽了燃料而坠毁。

## 1944 年 3 月 29 日至 30 日

轰炸机司令部在 3 月 29 日至 30 日的夜晚相对平静，没有发动大规模攻击。然而，蚊式的袭击仍在继续，其对基尔、克雷菲尔德、阿克伦和科隆发动了攻击。至少有一架 He 219 被第 1 夜间战斗机联队第一大队派去执行猎杀蚊式的任务，当时，莫德罗上尉驾驶机身编号为 G9+CK 的 He 219 于 20 时 33 分从芬洛起飞，与他经

常合作的无线电员施耐德三等兵共同出击，莫德罗在"巴兹"和"冷甲虫"雷达站的引导下进行战斗巡逻。经过近两个小时的巡逻后，他们于 22 时 23 分两手空空返回芬洛。

## 1944 年 3 月 30 日至 31 日

在 3 月 31 日夜间，莫德罗和施耐德再次执行"灭蚊任务"，当时轰炸机司令部派遣了 13 架蚊式到荷兰的德国空军夜间战斗机机场展开空袭。他们在 21 时 14 分驾驶 He 219（G9+CK）从芬洛起飞，在"冷甲虫"雷达站指挥下进行巡逻，3 个小时后，他们返回芬洛，在零点 03 分着陆。但这并不是他们当晚唯一的行动，两小时后，在他们的座机加满油后，他们继续起飞作战，而这次终于取得了收获。

对于轰炸机司令部来说，1944 年 3 月 30 日夜间，有整整 95 架四引擎轰炸机未能返回基地，这或许是其对德国城市展开轰炸行动以来损失最为惨重的一次。当时，轰炸机司令部派遣 786 架重型轰炸机和 9 架蚊式前往遥远的纽伦堡进行轰炸。95 架四引擎轰炸机及其机组人员占整个部队实力的 12%，因此，这一损失显然是前者不可承受的。当时的天气条件对于防御者来说是完美的，高空能见度很高，月亮要到凌晨 2 点以后才会落下。皇家空军重型轰炸机在这一夜的大多数损失都发生在午夜 12 点到凌晨 1 点之间，都是由德军夜间战斗机所造成的，当时前者正在前往纽伦堡进行轰炸的路上。在这段时间里，许多德军夜间战斗机都返回基地、加油并重新武装之后再次出击。其中，最后两架在欧洲大陆上空被击落的英军轰炸机是 He 219 的战果。当时，它们正在接近英吉利海峡时被莫德罗的 He 219 所击中。凌晨，莫德罗和施耐德从芬洛起飞后不久，根据指示飞往弗

兰尼西北部的阿比维尔地区，当时德国地面雷达探测发现敌机正在向西飞行，正经过索姆河河口。凌晨 4 时 10 分，施耐德在 SN-2 雷达上发现了一架敌机，并引导莫德罗在 5400 米（17700英尺）高空发现目标。在确认该机为哈利法克斯轰炸机后，莫德罗于 4 时 13 分在阿比维尔西北方向 20 公里处展开攻击，击落了这架不幸的轰炸机。莫德罗的受害者来自皇家空军第 640 中队，其编号为 LW500，机身号为"Z"。这架哈利法克斯轰炸机在法国海岸边坠毁，7 名机组成员全部阵亡。15 分钟后，莫德罗被雷达引导到另一架在 5600 米高度飞行的英国轰炸机尾部。目标被再次确定为一架哈利法克斯。进入射击位置后，莫德罗轻松击落了敌机，后者在阿贝维勒东北 25 公里处的考蒙坠毁。后一架被击落的哈利法克斯来自皇家空军第 158 中队，编号为HX322，呼号为"B"，该机在纽伦堡上空的空战中受损后，正在前往曼斯顿的皇家空军紧急跑道，6 名机组成员在战斗中丧生，无线操作员肯尼思·多布斯（Kenneth Dobbs）中士奇迹般地活了下来，人们在轰炸机的残骸中发现了他，当时他已经重伤昏迷。后来，多布斯回忆说，He 219 从自己座机的正前方飞过，然后沿着飞机的侧面进行扫射，"我记得看到了这些闪光"。5 时 41 分，在日出前 30 分钟，莫德罗驾驶 He 219 降落了，对他来说——他后来成为战争中击坠记录最高的 He 219 王牌，他在这个晚上取得的两场胜利标志着一连串成功的开始，事实上，他的胜利将一直持续到 1945 年。而且，值得注意的是，他所取得的 2 个战果也是当晚第 1 夜间战斗机联队第一大队的机组人员所取得的唯一战果。

## 1944 年 4 月

1944 年 4 月，前线 He 219 的数量迅速增加，很多夜间战斗机的飞行员都声称自己在驾驶 He 219 战斗机的时候取得了首次空战胜利。第 1 夜间战斗机联队第一大队的机组人员当时仍在同时驾驶 Bf 110 G-4 和 He 219 夜间战斗机，在 1944 年第一季度，他们只取得了 13 个击坠记录。不过到了 4 月，仅仅一个月他们就取得了 15 个击坠记录且全部是由 He 219 所创造的。在这个月里，有 24 架新的 He 219 战斗机被交付给了位于芬洛的第 1 夜间战斗机联队第一大队，随着 He 219 战斗机数量的增加，该大队已经完成了换装，并将最后剩下的总共 12 架 Bf 110 G-4 夜间战斗机转移到了其他单位。在月底，第一大队报告说队中已经没有 Bf 110 G-4 战斗机，而 He 219 的数量为 35 架。

1944 年 4 月，除第 1 夜间战斗机联队第一大队外，亨克尔工厂还首次向其他前线部队交付了 He 219 战斗机。1944 年 4 月，He 219 A-053（190124）被交付给位于韦尔诺伊兴（Werneuchen，位于柏林附近）的第十夜间战斗机大队。该部队成立于 1944 年 1 月，其主要任务是发展夜间战斗机的作战战术和技术。第十夜间战斗机大队的指挥官鲁道夫·塞洪特（Rudolr Sehonert）少校在 1944 年 4 月 14 日给帝国航空部飞机生产委员会的电报中提到，"对 He 219 的速度和操控性给予了充分的肯定"。

对于轰炸机司令部来说，3 月 30 日至 31 日夜间遭受的严重损失表明，德国空军夜间战斗机部队已经克服了 8 个月前在汉堡上空引入的"窗口"干扰箔条的影响。而且，事实上，德军夜间战斗机机组人员现在正在反过来利用"窗口"作为导航辅助工具来定位轰炸机编队。为了降低不断增长的损失率，英国空军部于 4 月 2 日推出了"顶针鼻"NF Mk. XIX 型蚊式夜间战斗机，其配备了最新的英国 AI. X（美国 SCR-720）型雷达，专门用于在敌占区域上空作战。1944 年 5 月，为了加强对轰炸机机组人员的保护，皇家空军专门成立了轰炸机支援部队——第 100 大队。

## 1944 年 4 月 7 日至 8 日

轰炸机司令部在 1944 年 4 月 7 日至 8 日的夜晚——一个月圆之夜，几乎没有任何活动。当夜唯一的一次入侵是派遣 12 架哈利法克斯轰炸机在荷兰海岸附近布雷，这次行动得到了 4 架在附近巡逻的蚊式的某种程度的保护。防御者的反应尚不清楚，但至少有一架来自第 1 夜间战斗机联队第一大队的 He 219 在 23 时 06 分开始降落，当时执行任务的是莫德罗和施耐德，两人驾驶 He 219（G9+LK）从芬洛起飞，执行自由猎杀任务。由于没有遭遇敌人，他们在零点 58 分降落在芬洛。有趣的是，施耐德的飞行日志（Flugbuch）中出现了"改进后的目标显示装置"字样，暗示他们的 He 219 可能安装了最新版本的 FuG 220 "列支敦士登" SN-2 机载雷达。

## 1944 年 4 月 9 日至 10 日

莫德罗和施耐德于 4 月 9 日晚再次起飞；22 时 9 分，他们驾驶 He 219（G9+CK）从芬洛起飞。这个晚上的任务是拦截蚊式。然而，他们未能与难以捉摸的对手发生接触，随后，他们回到了芬洛，在 23 时 42 分着陆。

## 1944 年 4 月 11 日至 12 日

轰炸机司令部于 4 月 11 日至 12 日夜间向亚琛派出了 341 架兰开斯特和 11 架蚊式。亚琛位于荷兰/比利时边境附近，这一任务对皇家空军轰炸机机组人员相对比较安全——在太阳落山后三小时，满月才会从东方升起。皇家空军可

以趁机展开轰炸。攻击计划预计在 23 时之前完成，并得到了轰炸机司令部第 100 大队的支持，该大队派出了无线电干扰机和 7 架蚊式，对德国夜间战斗机活动的区域进行了广泛的压制，7 架蚊式战机轰炸了低地国家的德国空军机场，还有 2 架蚊式飞机对汉诺威、杜伊斯堡和奥斯纳布吕克进行了袭扰性轰炸，以转移德国空军的视线。

防御者们立即做出了反应，派出了 70 多架双引擎的夜间战斗机来对付亚琛的突袭者。第一批起飞的夜间战斗机其中之一是第 1 夜间战斗机联队第 2 中队的一架 He 219——机身编号为 G9+BK，由维尔纳·巴克负责驾驶，无线电员埃里希·施耐德负责操作机载雷达——于 21 时 42 分从芬洛起飞。巴克的常用无线电员是罗尔夫·贝塔克（Rolf Bettaque）中士，但在这天晚上，他由施耐德陪同，而后者通常与莫德罗上尉搭档。在 21 时 40 分至 22 时 15 分期间，至少有 3 架（可能多达 6 架）He 219 飞上高空。22 时 13 分，阿尔弗雷德·劳尔从芬洛起飞，驾驶着一架 He 219（G9+LL），这是他第一次在战斗中驾驶 He 219 夜间战斗机。巴克和劳尔在当晚都各取得了一场空战胜利，这也是他们首次驾驶这种新机型斩获战果。

其中，第一个战果是由劳尔取得的，23 时 02 分，9 架兰开斯特重轰从空袭亚琛的行动中返回，在地面雷达站的引导下，劳尔与 5000 米（16400 英尺）的一个潜在目标发生了接触，而这个目标就是上述兰开斯特中的一架。劳尔确定目标的具体型号后，在安特卫普以东 42 公里的盖尔（Geel）附近击落了这架敌机，几乎可以肯定，这架兰开斯特来自皇家空军第 61 中队，编号为 JA695，呼号为"W"。

第二个战果也是一架兰开斯特，它在空袭亚琛后的返航途中，在接近荷兰海岸时被巴克

发现。巴克和施耐德在地面雷达站"仓鼠"的引导下巡逻，在雷达的引导下，他们找到了上述目标，当时敌机正接近沙伊德河口。在靠近自己的猎物时，施耐德引导巴克进入一个有利的射击位置，在确认敌机是一架兰开斯特后，巴克很快便将这架命运多舛的轰炸机击落。他们的受害者，来自第 619 中队的兰开斯特轰炸机，编号 E116，呼号为"Q"，于 23 时 37 分在胡雷岛（Goeree）附近坠毁，5 名机组成员丧生，只有摩尔（H. J. Moore）中尉和琼斯（T. A. Jones）中士幸存下来，并成为了战俘。巴克和施耐德于零点 16 分返回芬洛。

在芬洛上空飞行的"G9+FK"He 219，绰号"红 F"。

4 月 11 日至 12 日晚，He 219 的新锐装备——弹射座椅第一次在实战中发挥了作用，当时第 1 夜间战斗机联队第 2 中队的赫特（Herter）中士和他的无线电员维尔纳·珀比克斯（Werner Perbix）三等兵在他们的飞机被炮火击中后安全地脱离了飞机。（第一架进行弹射座椅试验的 He 219 飞机是 He 219 V2）。几乎可以肯定，这架 He 219 是被皇家空军第 239 中队的内维尔·里夫斯中尉的蚊式所击落的，他报告说自己在马斯特里赫特和列日之间击落了一架 Do 217 战斗机。在这次行动之前，里夫斯已经在地中海战区的第 89 中队取得了 9 次空战胜利。领航员"麦克"利里（"Mike" Leary）更是跟随飞行员取得了 14 次空战胜利。里夫斯当晚的牺牲品 He 219（工厂编号 190073），于 23 时 8 分在韦尔特附近坠毁。

## 1944 年 4 月 18 日

1944 年 4 月 18 日，飞行员莫德罗上尉和无线电员埃里希·施耐德三等兵在下午时分从芬洛出发进行了两次短途飞行，两人的座机为 He 219（G9+FK）。他们于 17 时 23 分起飞，6 分钟后返回，17 时 32 分再次起飞，17 时 36 分返回芬洛。与此同时，第 1 夜间战斗机联队第 2 中队的指挥官维尔纳·巴克，驾驶着另一架 He 219 起飞升空。这些飞行的目的是什么？部队日志记载为无线电校准飞行（Ft.-Flug），但他们几乎肯定有一个更广泛的目的——拍摄 He 219 的飞行照片。随着 He 219 投入作战行动的次数越来越多，有必要为其他的德国空军部队，包括机场防御部队，提供识别材料。人们普遍认为，这些照片资料就是为这个特殊的目的而准备的。

## 1944 年 4 月 20 日至 21 日

1944 年 4 月 20 日至 21 日的无月之夜，轰炸机司令部出动了创纪录的 1000 多架四引擎重型飞机去轰炸欧洲大陆的目标。待返航时，其仅损失了 12 架重型轰炸机，损失率低于 1.2%。共有 14 架电子干扰机和 33 架蚊式为重型轰炸机进行了支援。电子干扰机中包括 5 架 B-17"空中堡垒"，它们来自皇家空军第 214 中队，执行的任务主要是对德国空军夜间战斗机部队跟地面控制台的通讯进行干扰。德国人或许预料到轰炸机司令部即将打击德国境内的目标，但当空袭实际上是针对法国和比利时的铁路基础设施时，他们毫无准备。当晚，皇家空军冒险派遣 357 架兰开斯特和 22 架蚊式飞往科隆（这也是当晚皇家空军所执行的唯一一次针对德国城市的空袭）。空袭持续了几个小时，德军夜间战斗机先是起飞迎战，后回到基地补充燃料和弹药，然后接着起飞。在这个夜晚，莫德罗和施耐德驾驶一架 He 219（机身号 G9+NK）于 23 时 05 分从芬洛起飞。在地面雷达站"巴兹"的引导下，执行了一个多小时巡逻任务后，他们被命令降落，并于零点 41 时返回芬洛。一个多小时后，他们再次接到升空作战的命令，并于凌晨 2 时 15 分升空，继续在地面雷达站的引导下进行巡逻。但此时已经太晚了，他们根本无法发挥作用。3 时 40 分，莫德罗和施耐德空手而归，回到了芬洛。

## 1944 年 4 月 22 日至 23 日

轰炸机司令部在 4 月 22 日至 23 日的夜晚非常活跃，出动了超过 100 架次的重型轰炸机，主要袭击了杜塞尔多夫、布伦瑞克和巴黎东北部的拉昂铁路货场。然而，被派去空袭杜塞尔多夫的轰炸机编队损失惨重，有 13 架兰开斯特飞机和 16 架哈利法克斯飞机未能返回基地。对于第 1 夜间战斗机联队第 2 中队的 He 219 机组来说，这是一个重要的夜晚，他们一共击落了 5 架重轰（均属于空袭杜塞尔多夫的编队）。其中，莫德罗上尉斩获了他的第 3 到第 5 个战果，而另外两名飞行员汉斯·卡莱夫斯基（Hans Karlewski）少校和卡尔·维尔德哈根（Karl Wildhagen）中士则取得了他们的第一次空战胜利。

零点 15 分，莫德罗和施耐德驾驶 He 219（G9+GK）从芬洛起飞。1 时 10 分，他们声称击落了当晚的第一架敌机——一架在 6000 米高空的兰开斯特——可能是在杜塞尔多夫上空失踪的第 7 中队的兰开斯特（编号 ND353，呼号为"N"）。将近 30 分钟后，卡莱夫斯基少校和他的无线电员赫尔曼·沃勒特（Hermann Vollert）中士在杜塞尔多夫西北 40 公里处的 5000 米（16400 英尺）处发现了一架哈利法克斯。这架哈利法克斯轰炸机隶属于第 431 中队，编号为 MZ514，呼号为"P"。它在返回英国的途中被卡莱夫斯基少校击落，8 名机组成员全部遇难。在 1 时 43 分，维尔德哈根驾驶 He 219 在杜塞尔多夫以北 60 公里处的 5800 米（19000 英尺）高空击落了一架兰开斯特轰炸机，这也是他在战争中所取得的唯一一场胜利。他的受害者可能是皇家空军第 460 中队的兰开斯特（编号为 LM525，呼号为"T"），它在西特（Sythen）坠毁，飞行员拉塞尔·艾伦（Russell Allen）中士牺牲。最后两架被 He 219 击落的轰炸机是第 424 中队的哈利法克斯轰炸机（LV780，"M"）和 425 中队的哈利法克斯轰炸机（LW633，"O"）。这两架飞机都被莫德罗称为"兰开斯特"，当时位于蒂尔堡东南偏南约 15 公里处的比利时边境。其中第一架在 5600 米（18400 英尺）高度飞行，于 1 时 55 分被莫德罗的 He 219 击落，第二架在 5500 米处，于 2 时 04 分被莫德罗击落。凌晨 2 时 57 时，他们在芬洛着陆，结束了这个晚上的猎杀行动。对于即将告别最后一架梅塞施密特 Bf 110 夜间战斗机的第 1 夜间战斗机联队第一大队来说，结果是相当令人鼓舞的：他们击落了 5 架四引擎轰炸机，自己没有任何损失——其中两架是由第一次参加战斗的飞行员所取得的。

## 1944 年 4 月 24 日至 25 日

为了利用大陆上空的恶劣天气和较早的月落，轰炸机司令部在 4 月 24 日至 25 日的夜晚再次投入了超过 1100 架轰炸机。当晚的主要攻击目标之一是卡尔斯鲁厄，位于芬洛东南 300 公里处。为了掩护这次空袭，皇家空军首先在北海上空进行了佯攻，此外，其还派遣第 100 大队进行掩护，该大队的电子干扰机和蚊式前往敌占区进行巡逻。轰炸机群分为两波，其中，北面的机群从 23 点 15 分起越过荷兰海岸的斯凯尔德（Scheide）河口。作为回应，德国空军派出了 200 多架夜间战斗机，包括第 1 夜间战斗机联队第一大队的多架 He 219。23 时 35 分，莫德罗和施耐德驾驶 He 219（G9+GK）从芬洛升空、在"特鲁特哈恩"雷达站的引导下，他们向西南偏南方向飞行，在荷兰/比利时边境附近 6200 米（20300 英尺）处与一架英军轰炸机发生了接触。经确认，这是一架兰开斯特轰炸机，当时，它位于列日东北方向 18 公里处，正在高速飞行当中。这架"兰开斯特"隶属于第 100 中队，编号为 ND328，呼号为"W"。其于英国时间 22 时 16 分从格里姆斯比（Grimsby）起飞，于零点 05 分在圣马丁斯-沃伦（St. Martens-Voeren）坠毁，7 名机组成员全部身亡。

当晚在空中作战的还有第 2 中队指挥官——维尔纳·巴克中尉，他当时驾驶着一架 He 219 ——可能是 G9+BK ——并由罗尔夫·贝塔克中士操控 SN-2 雷达。零点 26 分，他们在蒂尔堡以北几公里处的 5400 米（17700 英尺）处发现了一架兰开斯特轰炸机，随即将其击落。他们的受害者是第 635 中队的"兰开斯特"

（ND848，"B"），该机在洛恩奥普赞德（Loon op Zand）坠毁，损失了 6 名机组成员。

地面雷达控制员试图引导己方夜间战斗机突入轰炸机群中，但由于恶劣的天气条件，只有极少数的夜间战斗机与敌机发生了接触。凌晨 1 时 10 分，莫德罗和施耐德折返回芬洛。然而，直到黎明来临，他们的行动才宣告结束。在 G9+GK 加油和重新武装后，他们于 2 时 05 分返回天空，并在荷兰南海岸的"天床"系统的引导下进行巡逻。

在那里，他们恰好能拦截从卡尔斯鲁厄返航的英军轰炸机。巴克和贝塔克的座机也在等待返航的英军轰炸机，就在 2 时 10 分之后，他们在多德雷赫特（Dordrecht）以东 6000 米（19700 英尺）高处与一架英军轰炸机发生了接触。在确认这是一架"哈利法克斯"后，巴克操纵 He 219 进入攻击位置，并击落了他的猎物。后来，经过确认，这架"哈利法克斯"来自皇家空军第 424 中队，其编号为 LV962，呼号为"X"——于 2 时 18 分在韦尔肯丹（Werkendam）附近坠毁。一个多小时后，莫德罗和施耐德在塞赫尔德河口上空 5500 米（18000 英尺）处与从卡尔斯鲁厄返航的一架英军轰炸机发了接触。这架"哈利法克斯"的编号为 MZ573，呼号为"G"，来自第 425 中队。该机于 21 时 35 分（英国时间）从北约克郡的索普（Tholthorpe）起飞，现在已经持续飞行了近 5 个小时，在即将看到北海的时候，它被亨克尔夜间战斗机的炮火击中。7 名或 8 名机组人员放弃了这架注定要坠毁的轰炸机，纷纷跳伞，轰炸机本身于 3 时 34 分在东斯海尔德水道（Oosterschede）坠毁。第八名机组成员、19 岁的空军机枪手杰拉德·鲍彻（Gerald Bouchr）中士在交战中阵亡。莫德罗和施奈德则一直在空中执行战斗巡逻任务，直到凌晨 4 时 26 分才返回芬洛。

不过，为了击落这 4 架英军重轰，德国人也付出了代价，第 1 夜间战斗机联队第一大队损失了 1 架 He 219 和它的机组人员。巧合的是，参与上述行动的 He 219 均来自第 2 中队。这架 He 219（工厂编号 190103，机身号 G9+LK）在莱茵山脉的奥斯特海姆（Ostheim）附近坠毁——大约位于法兰克福东北部 100 公里处。飞行员维尔纳·菲克技术军士和他的无线电员阿尔斯特（Alster）技术军士当场丧生。菲克是一位世界知名的滑翔机飞行员，他在 1938 年 8 月 25 日创造了 6500 米（2325 英尺）的滑翔高度纪录。这次破纪录的飞行是在瓦瑟峰（Wasserkuppe）上空进行的，瓦瑟峰是一座海拔 950 米的圆顶山，自1920 年以来一直是滑翔机活动和相关比赛的场所。人的命运真可谓是曲折离奇，菲克最后丧生的地点距离瓦瑟峰非常近。坠机地点暗示，菲克和阿尔斯特可能正在前往法兰克福附近的"FF 奥托"无线电基地的路上，德国夜间战斗机部队的指挥控制人员将那里作为夜间战斗机的集结点，以对抗轰炸卡尔斯鲁厄的英军重轰。坠机的具体时间不详，但几乎可以肯定的是，它是由德国中部的极端天气条件导致的，当晚，云层在 6000 米以上，雨量很大，高空有强风，2500 米以上严重结冰，另外，"圣艾尔莫之火"（静电荷）对 He 219 的 SN-2 雷达造成了严重干扰。

在这个晚上，夜间战斗机部队至少损失了 17 架夜间战斗机，包括菲克的 He 219。恶劣的天气状况显然是造成这些损失的一个主要因素。轰炸机司令部在这天晚上的攻击目标还有慕尼黑，第 2 夜间战斗机联队负责守卫这座城市，因此没有 He 219 参与这次行动。

## 1944 年 4 月 25 日至 26 日

轰炸机司令部在 4 月 25 日至 26 日的夜晚很平静，当晚，其唯一的冒险是派遣 4 架蚊式战机飞往科隆进行袭扰。作为回应，由莫德罗和施耐德驾驶的 He 219（G9+CK）于 22 时 59 分从芬洛起飞，并被安排在雷达站"特鲁特哈恩"的引导下进行"猎蚊"巡逻。持续巡逻 2 个小时之后，两人没有接触到难以捉摸的蚊式，于是在零点 54 分返回芬洛。

几乎可以肯定的是，莫德罗在这个晚上驾驶的 He 219 是专门为"灭蚊"行动而准备的，而且可能是 He 219 V15，大约在这个时候，该机被标记为"前线试验机"。相比基本型，V15 的性能得到了较大提升，其配备了 GM-1 氮氧化合物喷射系统。1944 年 3 月底至 5 月初，莫德罗和施耐德驾驶 He 219 V15（G9+CK）高强度地执行任务，这表明，这架特殊的 He 219 是专门为"灭蚊"行动而准备的特殊机型：

莫德罗分别在 3 月 29 日—30 日、30 日—31 日、4 月 9 日—10 日、25 日—26 日和 5 月 3 日—4 日、5 日—6 日和 6 日—7 日夜间执行了"猎蚊"巡逻任务；

4 月 24 日，从芬洛（起飞时间 14 点 19 分）前往代伦（Deelen）（降落时间 14 点 37 分），然后再花费较长时间返回芬洛；

4 月 28 日，从芬洛（起飞时间 7 点 48 分）飞往雷克林（降落时间 9 点），8 小时后返回芬洛。

## 1944 年 4 月 26 日至 27 日

埃森是 4 月 26 日至 27 日皇家空军轰炸机司令部的三个主要攻击目标之一。这座城市位于鲁尔区的中心地带，戒备森严，处于好几支夜间战斗机部队（也包括驻芬洛的第 1 夜间战斗机联队第一大队）的保护之下。然而，当晚英军的战术让德国空军指挥层措手不及，夜间战斗机起飞太晚，无法拦截英军轰炸机的航线。在覆盖德国北部大部分地区的浓密雾霾的掩护下，近 480 架重型轰炸机在未受到夜间战斗机干扰的情况下抵达埃森。在大约 1 时 30 分，也就是轰炸开始的时候，才有大量德军夜间战斗机赶到目标上空。在这个夜晚，莫德罗和施耐德驾驶 He 219（G9+GK）于 1 时 25 分从芬洛空军基地起飞，执行典型的拦截任务。施耐德在他的飞行手册上记录了 "spat geslarte" 的字样，这显然是指起飞时间过晚，他们在 3 时 04 分空手返回芬洛。然而，当晚，一名来自第 1 夜间战斗机联队第 2 中队的机组人员成功地拦截了一架返航的英军轰炸机。2 时刚过，在比利时东部上空，约瑟夫·斯特罗莱因（Josef Strohlein）军士长和他的无线电员（可能是汉斯·凯恩）驾驶一架 He 219 与一架在 5700 米（18700 英尺）上空飞行的不明飞机取得接触。在确认它是一架 "哈利法克斯" 后，斯特罗莱因操纵 He 219 进入攻击位置，并迅速击落了这架敌机，从而取得了他的第一次空战胜利。他的受害者——来自第 10 中队，编号 HX326，呼号为 "N" 的哈利法克斯轰炸机，于 2 时 05 分在圣特龙西北 3 公里处坠毁，共损失了 5 名机组成员。

轰炸机司令部当晚还攻击了其他一些目标，包括施韦因富特（Schweinfurt）和圣乔治新城（Villeneuve St. Georges，位于巴黎东南）——由德国空军夜间战斗机部队中的其他非 He 219 部队防守。

## 1944 年 4 月 27 日至 28 日

轰炸机司令部在 1944 年 4 月 27 日至 28 日的晚上非常活跃，其一共对三个主要目标展开了攻击——包括德国南部的腓特烈港、法国和比利时的铁路基础设施，共派遣了多达 650 多架重型轰炸机。事实证明，对轰炸机司令部来说，对比利时东部蒙岑（Montzen）编组站（铁路货运站的一种设施，用于对列车进行编组、拆解和重新组装）发动的突袭付出了极其高昂的代价，派往此地的轰炸机有 10% 被击落，而空袭只取得了部分成功，因此可以说得不偿失。针对蒙岑的突袭分为两个阶段进行，第二波攻击部队由于遭受了德国夜间战斗机的拦截，因而损失惨重。当时，突袭蒙岑的英军轰炸机编队正在返回本土，不幸的是，它们飞到了圣特龙机场附近，早些时候，来自第 1 夜间战斗机联队的几名夜战队员聚集在该机场参加了一场会议。于是，圣特龙的 "王牌" 纷纷驾机紧急起飞，并迅速渗透到英军轰炸机编队中，在那里，它们开始 "大杀四方"。在一场漫长而又残酷的空战中，有 15 架重型轰炸机被击落，其中有 3 架是被 He 219 所击落的。

第 1 夜间战斗机联队的威廉·亨瑟勒（Wilhelm Henseler）中尉获得了两个击坠记录，这是他驾驶 He 219 所取得的第一场胜利，也是他本人所取得的第五个和第六个战果。就在凌晨 2 点之前，亨瑟勒驾机在 4000 米（13100 英尺）处与一架敌方轰炸机取得接触。在确认敌机是一架 "兰开斯特" 后，亨瑟勒在大约 1 时 58 分在圣特龙上空迅速击落了他的猎物。亨瑟勒击落的所谓 "兰开斯特" 其实是一架 "哈利法克斯"，可能来自第 431 中队（编号 MZ522，呼号 "U"），这架 "哈利法克斯" 坠毁在距离泽珀伦（Zepperen）镇中心以东约 4 公里处的地方。几分钟后，亨瑟勒与另一架在 4000 米高度飞行的轰炸机发生了接触，并在 2 时 02 分击落了一架可能来自 431 中队的哈利法克斯轰炸机（编号 MZ529，呼号 "E"），该机在圣特龙西北 30 公里处的布劳博格（Blauberg）坠毁，损失了四名加拿大机组成员。在战争结束前，亨瑟勒驾驶 He 219 战斗机又取得了三场空战胜利。

当晚，击落第三架英军重轰的 He 219 是由瓦尔德-维尔纳·希特勒（Ewald-Werner Hittler）少尉驾驶的。凌晨 2 点刚过，他在那慕尔（Namur）东北方向约 20 公里处、3800 米（12500 英尺）高空与一架"哈利法克斯"飞机发生了接触。希特勒操纵 He 219 进入射击位置，并于 2 时 05 时击落了他的第一个目标。他的受害者，第 432 中队的"哈利法克斯"（LK807，"J"）在圣特龙西南偏南约 25 公里的汉内切（Hanneche）坠毁，一名机组人员丧生。

莫德罗和施耐德的机组也在这个夜晚执行任务，他们驾驶 He 219（G9+GK）于 1 时 16 分从芬洛起飞。几乎可以肯定的是，他们是被皇家空军第 159 作战训练部队（OTU）在北海上空进行的佯攻所吸引过去的。施耐德飞行日志中的

记录表明，一旦威胁消失，他们就从北海上空撤离，赶过去拦截轰炸蒙岑的轰炸机编队（在亚琛西南 10 公里）。然而，这时已经太晚了，他们没有与敌人的轰炸机发生接触，他们回到了芬洛，在凌晨 3 时 16 分着陆。

## 1944 年 5 月

1944 年 5 月，亨克尔装配厂向前线部队交付了 15 架新的 He 219。4 月 23 日，施韦夏特工厂遭受了猛烈的轰炸，如果不是这样，交付数量可能会更多。而且，重要的是，1944 年 5 月 19 日，第 1 夜间战斗机联队第二大队（II/NJG 1）和第 1 夜间战斗机联队队部（Stab. /NJG 1）收到了他们的第一批 He 219。1944 年 5 月向前线部队交付 He 219 的数量如表格所示：

| 部队 | | 第 1 夜间战斗机联队第一大队（I. /NJG 1） | 第 1 夜间战斗机联队第二大队（II. /NJG 1） | 第 1 夜间战斗机联队队部（Stab. /NJG 1） | 第十夜间战斗机大队（NJGr. 10）第 2 中队 |
|---|---|---|---|---|---|
| 1944 年 5 月 1 日 | | 35 | 0 | 0 | 1 |
| 增加 | 总数 | 12 | 10 | 1 | 5 |
| | 新建 | 10 | 4 | 1 | — |
| | 修复 | 1 | — | — | — |
| | 从其他部队调转 | 1 | 6 | — | 5 |
| 减少 | 总数 | 18 | 3 | — | 1 |
| | 被敌人摧毁 | 1 | — | — | — |
| | 事故损失 | 10 | 1 | — | — |
| | 调转至其他部队 | 6 | 1 | — | 1 |
| 1944 年 4 月 31 日 | | 29 | 7 | 1 | 5 |

以下数字得到了证实：

交付给第 1 夜间战斗机联队第二大队的 4 架新飞机包括施韦夏特工厂生产的 WNr.① 190190 和 WNr. 190191，以及 2 架由罗斯托克工厂生产的飞机（可能是 WNr. 210902 和 210903）。

有 6 架 He 219 从第 1 夜间战斗机联队第一大队调到第 1 夜间战斗机联队第二大队：WNr. 190109（5 月 4 日），WNr. 190108 和 WNr. 190110（5 月 11 日），WNr. 190105 和 190116（5 月 12 日）以及 WNr. 190118（5 月 13 日）。

5 月 19 日至 20 日夜间在战斗中坠毁的 WNr. 190116（第 1 夜间战斗机联队第二大队）没有被列入"被敌人摧毁"一栏，相反，它被列入了"事故损失"，因此给人的印象是发生了一起"友军误伤"事件。

交付给第 1 夜间战斗机联队队部的飞机是 WNr. 190189，分配给第 1 夜间战斗机联队的指挥官汉斯-约阿希姆 · 雅布斯（Hans-Joachim Jabs）少校，并得到了 G9+BA 的机身号。但是直到 6 月 27 日，这架飞机没有进行任何战斗飞行，于是在 7 月 2 日被调转到第 1 夜间战斗机联队第一大队。

第十夜间战斗机大队第 2 中队收到的 5 架飞机几乎可以肯定是从包括"拉兹试飞大队"在内的试验单位转移过来的（详见第一章，包括 WNr. 190051，190055 和 190057）。

综合资料来看，被敌人摧毁的 He 219 是第 1 夜间战斗机联队的 WNr. 190107，于 5 月 21 日在丹麦上空被击落。

报告还显示，第 1 夜间战斗机联队第一大队在该月因事故损失了 10 架 He 219，这是 1944 年任何一个月中因单一原因而造成损失的最高数字。付出上述代价的同时，He 219 机组在 5 月份

击毁了 36 架敌方飞机，这个数字与之前 He 219 所取得的所有战果大致相同。重要的是，在 1944 年 5 月，He 219 终于取得了对英国皇家空军的蚊式的第一场胜利。到月底，He 219 的机组人员已经击落了 4 架这种难以捉摸的袭击者。

## 1944 年 5 月 1 日至 2 日

1944 年 5 月 1 日至 2 日夜间，比利时的铁路基础设施成为轰炸机司令部的攻击目标，后者将 137 架重型轰炸机派往圣吉斯兰（St. Ghislain），并将类似规模的轰炸机编队派往梅赫伦（Mechelen）。德国夜间战斗机的指挥层夸大了英军的兵力，他们认为一共有 750 架轰炸机来袭，于是命令多支夜间战斗机部队起飞拦截。在这天夜间，莫德罗上尉在他的固定搭档——无线电员埃里希·施耐德的陪同下，驾驶一架 He 219（G9+CK）升空迎敌。两人于 22 时 33 分从芬洛起飞。近两个小时后，在布鲁塞尔西北约 40 公里处，他们在 3200 米（10500 英尺）处与其中一架英军轰炸机发生接触。莫德罗确认目标是一架"哈利法克斯"，并在零点 25 分将其击落，这是他的第 8 个战果。被击落的轰炸机后来被确认为是一架来自第 51 中队的"哈利法克斯"（编号 MZ 593）——这也是轰炸梅赫伦的编队所损失的唯一一架轰炸机。当晚，莫德罗上尉还与第二架轰炸机发生了接触，但他未能击落这架敌机，G9+CK 于 1 时 26 分降落在芬洛。轰炸机司令部在这个夜晚的损失非常轻微（而当晚的月亮直到凌晨 3 点以后才落下）。这很可能要归功于第 100 大队，该大队为支援轰炸机编队而进行了电子压制以及其他针对德军战斗机部队的反制措施。

---

① WNr. 190190 即工厂编号 190190，后同此。

## 1944 年 5 月 2 日至 3 日

莫德罗和施奈德在 5 月 2 日至 3 日夜间再次出动，这次是驾驶 He 219（G9+GK）。他们从芬洛起飞（起飞时间 23 时 05 分，降落时间零点 44 分），在施耐德的飞行日志中被记录为"战斗架次"（Einsatz），但注释为" Angriff Belgien z. spait"，表明他们为了应对英军针对比利时的空袭而延迟起飞了。不过，轰炸机司令部却很平静，这天晚上并没有派遣重型轰炸机飞越欧洲大陆。当晚英国派出的最大一支部队是 29 架蚊式，其袭击了科隆以北几公里处的勒沃库森。因此，有可能莫德罗和斯奈德的紧急升空任务是由轰炸机司令部直属第 100 大队的两架电子战飞机所触发的。现在不清楚这次行动的细节，也不知道第 1 夜间战斗机联队第一大队的其他 He 219 战斗机是否也接到命令升空作战。

## 1944 年 5 月 6 日至 7 日

1944 年 5 月 6 日至 7 日晚上，天气晴朗，明月高悬，这导致轰炸机司令部无法派遣大规模轰炸机编队去深入德国领空攻击目标。当夜，轰炸机司令部只冒险派遣了三支规模较小的重型轰炸机编队前往欧洲大陆上空，去空袭法国的战术目标。不过，这样的条件并没有阻止皇家空军蚊式战机的例行行动。勒沃库森在两个夜晚前（5 月 2 日—3 日夜间）曾被蚊式造访过，在 5 月 6 日至 7 日晚上又遭到第 109 中队的蚊式战机空袭。之前，He 219 的机组人员曾试图拦截这些讨厌的袭击者，却没有成效，但在这个夜晚，亨克尔夜间战斗机终于首次击落了蚊式战机，当时来自第 1 夜间战斗机联队第 2 中队的

维尔纳·巴克中尉和罗尔夫·贝塔克中士在荷兰上空 8000 米（26200 英尺）米高处捕获了其中一架空袭勒沃库森的蚊式战机。这架编号为 ML958 的蚊式正在返回英国的途中，其于 23 时 35 分在海尔肯博斯（Herkenbosch）东北方向被巴克击落，这是他驾驶 He 219 赢得的第 4 场胜利，也是他个人的第 27 场空战胜利。这架蚊式的机组成员——弗雷德曼少尉和斯蒂芬斯中士在交战中阵亡，并被埋葬在荷兰的容克博斯战争公墓。

盟军很快就知道了这次 He 219 战胜蚊式的战斗，当时，第 1 战斗机军的指挥官约瑟夫·"贝波"·施密德（Josef "Beppo" Schmid）将军向正在挪威的卡姆胡贝尔将军（当时担任第五航空军团司令）发送了一份电报，告知这次胜利。当盟军情报部门于 5 月 9 日解密这条通讯时，发现了以下信息：

> 5 月 6 日至 7 日夜间，在"巴兹"地区，我们击落了一架蚊式。这架蚊式是由第 1 夜间战斗机联队第一大队的巴克中尉击落的，这也是他对蚊式所取得的首胜。我希望通过这次成功能够打破"蚊式不可战胜"的魔咒。

这天晚上，埃里希·施耐德也参加了这次"灭蚊行动"，他和莫德罗上午驾驶着一架 He 219（G9+CK）升空作战。从 3 月下旬开始，他们就驾驶这架飞机执行"灭蚊行动"，但一直未能取得成功。事实上，他们必须再等五个星期才能猎到一架蚊式。

然而，对巴克和贝塔克来说，他们的夜晚还没有结束：就在午夜之后，他们在芬洛西部与第 422 特种传单中队的一架美军 B-17 轰炸机发生了接触。巴克声称在零点 09 分击落了该

机，但这一说法并没有得到印证。

## 1944 年 5 月 7 日

1944 年 5 月 7 日上午，来自第 1 夜间战斗机联队第 1 中队的飞行员埃米尔·海因策尔曼（Emil Heinzelmann）技术军士的和他的无线电员弗兰克·威廉姆斯（Wilhelm Herling）中士驾驶一架 He 219 战斗机（G9+FH，工厂编号 190115）从芬洛起飞，进行了一次训练飞行，7 时 05 分，他们的座机在芬洛东南 16 公里的苏赫特尔恩（Suchteln）坠毁，两人双双丧生，而事故的原因一直没有查明。

## 1944 年 5 月 8 日至 9 日

1944 年 5 月 8 日至 9 日夜间，轰炸机司令部向比利时南部的圣皮埃尔港（Haine Saint Pierre）派出了 115 架重型轰炸机和 8 架蚊式战机，目标是铁路货场和机车棚，突袭计划于 3 时 14 分展开。直到英军轰炸机编队越过斯海尔德河口的海岸线时，防御者们才发现这些不速之客，其结果是，许多德军夜间战斗机都因为起飞时间过晚而无法发挥作用。在这个夜晚，莫德罗和施耐德驾驶一架 He 219（G9+GK）于凌晨 3 时 19 分从芬洛起飞。两人被安排在多姆贝格/瓦莱赫伦（Domberg/Waleheren）附近的"仓鼠"雷达站指挥下巡逻，希望能拦截回航的英军轰炸机，但结果是没有与敌机发生接触，他们于 4 时 19 分返回芬洛。

## 1944 年 5 月 10 日至 11 日

1944 年 5 月 10 日至 11 日晚，除第 1 夜间战斗机联队第一大队以外的其他部队首次出动 He 219 战斗机，当时，第 1 夜间战斗机联队第二大队在 23 时后从代伦起飞了一架 He 219 和 11 架 Bf 110，以应对英国对比利时和法国北部铁路目标的袭击。几乎可以肯定是，这架 He 219 是于 5 月 4 日被送到代伦的 WNr. 190109，由第 1 夜间战斗机联队第 6 中队的中队长约翰内斯·黑格（Johannes Hager）中尉驾驶，他是一名拥有 22 次空战胜利记录的夜战王牌。不过，在这个夜晚，他的战绩并没有上升。

在这个晚上，第 1 夜间战斗机联队第一大队的几名 He 219 机组人员也接到命令起飞作战，包括莫德罗和施耐德，他们于 22 时 34 分乘坐 G9+RK 号机从芬洛起飞，在雷达站"巴兹"的指挥下执行"猎蚊"任务。不过，他们并未能与敌机发生接触，两人于零点 59 分返回芬洛。

轰炸机司令部在这个夜晚损失了 13 架"兰开斯特"，其中 5 架属于皇家空军第 5 大队，它们是在对里尔进行轰炸的时候损失的。轰炸机司令部一共派出了 84 或 85 架重型轰炸机，损失率超过了 14%，令人震惊。其中一些轰炸机可能是由于空中碰撞而损失的，当时轰炸行动已经结束，但机组人员被迫在目标上空停留了很长时间。它们当中有些可能是被高射炮击中或被友机投下的炸弹所击中。到目前为止，德国空军将自己的每项战果与英军的损失记录一一对应是非常困难的。但有一点令人备感惊讶——当晚，德军夜间战斗机部队只取得了 5 个战果，即便如此，也难以与英军损失对上。其中，来自第 1 夜间战斗联队第一大队的 He 219 机组取得了 2 个战果。约瑟夫·纳布里希声称他于零点 12 分击落了一架"兰开斯特"。他的受害者实际上很可能是一架"哈利法克斯"。来自皇家空军第 427 中队的 LV986 号"哈利法克斯"参加了对根特(Ghent)的突袭行动,在返回英国的途中,它遭到一架德军夜间战斗机猛烈攻击,不过,它还是设法一瘸一拐地回到了基地,在那里,该机被评估为无法修复,随后从部队中注销。3 分钟后,海因茨·施特吕宁中尉声称在布鲁日东北 18 公里处击中了另一架"兰开斯特"。不过,直到目前为止还未能在英军记录中发现与之相对应的损失。

## 1944 年 5 月 11 日至 12 日

1944 年 5 月 11 日至 12 日夜间,第 1 夜间战斗机联队第一大队的 He 219 又开始活跃起来。当夜,轰炸机司令部派出 420 多架"兰开斯特"轰炸机前往欧洲大陆,对哈瑟尔特(Hasselt)铁路站场和比利时东部的一座德军军事基地——布格-利奥波德(Bourg-Leopold)军营发动突袭,在行动中,英军共损失了 10 架轰炸机,在上述两个目标上空各损失了 5 架。其中,有 3 架战果是由 He 219 机组认领的。另外,由于当时欧洲大陆上空笼罩着一层厚厚的雾霾,两支英军轰炸机编队实际上都放弃了轰炸任务。

当晚,莫德罗和施耐德驾驶一架 He 219(G9+GK)于 23 时 13 分从芬洛起飞。然后他们在布鲁塞尔以西几公里的泰尔纳特(Ternat)的"蛇蜥"(Blindschleiche)雷达站的指挥下进行巡逻。一个多小时后,在斯凯尔德河口附近 4200 米(13800 英尺)处与一架敌机发生接触。莫德罗发现这是一架"兰开斯特"重型轰炸机,于是他驾驶 He 219 进入射击阵位,并在零点 26 分在戈斯东南 15 公里处取得了他当晚的第一架战果。被击落的轰炸机是一架来自第 626 中队的"兰开斯特"(JB409,"P2"),当时正在从哈瑟尔特返航的途中,它在克拉本代克(Krabbendijke)

坠毁,损失了 7 名机组成员,包括新西兰人马里奥特(C. R. Marriott,飞行员)和巴顿(J. H. Barton,领航员)。不久后,另一架突袭哈瑟尔特的英军重型轰炸机也在 He 219 的枪口下坠毁。零点 42 分,第 1 夜间战斗机联队第 2 中队的指挥官维尔纳·巴克在安特卫普东北方向 28 公里处击落了一架兰开斯特轰炸机,受害者来自 103 中队(JB733,"K"),在洛克特(Loehout)坠毁,有 7 名机组成员丧生。然后,在 1 点 04 分,莫德罗在海牙以西的北海上空 4000 米处又击落了一架兰开斯特轰炸机,这是他当晚所取得的第二个战果。他的第二位受害者可能是第 630 中队的兰开斯特轰炸机(ND580,"G"),当时该机正从布格-利奥波德军营上空返航的途中,其 7 名机组成员全部丧生。莫德罗和施奈德取得这一战果后不久就结束了他们的巡逻,并于 1 时 56 分返回芬洛。

## 1944 年 5 月 12 日至 13 日

轰炸机司令部连续第三晚以比利时的铁路货场为目标:在午夜过后,皇家空军两支独立的空中编队,共计 231 架重型轰炸机袭击了卢万(Louvain)和卡塞尔。作为回应,德国空军夜间战斗机的指挥层从驻扎在低地国家的部队中派遣了 56 架夜间战斗机前往上述地区进行拦截。轰炸机司令部在空袭中损失了 12 架飞机,来自第 1 夜间战斗机联队第一大队的 He 219 机组人员声称击落了其中的 2 架。第一架英军轰炸机是在零点 02 时飞越荷兰海岸时被莫德罗击落的。23 时 03 分,莫德罗驾驶 He 219(G9+GK)从芬洛起飞,在"仓鼠"雷达的指挥下巡逻,施耐德负责操纵机载雷达,两人在斯凯尔德河口上空 3800 米(12500 英尺)处与一架敌机发生了接触，并将其击落。不过，尽管莫德罗和施耐德声称这架飞机是"哈利法克斯"，但实际上是第 635 中队的"兰开斯特"（ND 924，"B"），它在斯塔弗尼瑟（Stavenisse）附近的东斯海尔德水道（Oosterschelde）坠毁，损失了 7 名机组人员。一小时后，莫德罗和施耐德仍然在"仓鼠"雷达的引导下进行巡逻，两人向西飞行，在 3500 米（11500 英尺）高度与一架敌机再次发生接触。在确定目标是一架"哈利法克斯"之后，莫德罗操纵飞机进入一个有利的射击阵位，并在凌晨 1 点将他的猎物打入了北海，从而取得了他当月的第五个战果。他的受害者可能是一架参加卡塞尔空袭任务的哈利法克斯轰炸机，该机来自第 466 中队（LV826，"J"），连同全部 8 名机组人员一起失踪。

当晚，来自第 1 夜间战斗机联队第 3 中队的 He 219 机组人员也声称击落了 2 架哈利法克斯轰炸机。然而，被击落的轰炸机的身份并不确定——其中一架可能是来自第 640 中队的"哈利法克斯"（MZ 562，"A"），它于 21 时 56 分（英国时间）从约克郡的莱孔菲尔德（Leconfild）起飞，准备突袭卡塞尔。零点 48 分，第 1 夜间战斗机联队第 3 中队的中队长施特吕宁中尉声称，他驾驶一架 He 219 在布鲁塞尔东南偏南 15 公里处的 2400 米（7900 英尺）处击落了一架"哈利法克斯"，这是他驾驶亨克尔夜间战斗机所取得的第二个击坠记录，也是他本人的第 43 个击坠记录。将近半小时前（零点 20 分），同样来自第 3 中队的约瑟夫·纳布里希在安特卫普以东约 45 公里处的拉鲁姆/巴伦/维泽尔地区，3000 米（9800 英尺）的高度上击落一架"哈利法克斯"。当晚，纳布里希驾驶的 He 219 特别装备了一门 37 毫米的莱茵金属-博西格 BK 37 型机炮。纳布里希的无线电员—— 弗里茨·哈比特技术军士

后来报告说：

> 我们取得了当晚唯一一次胜利，也是我们机组的第五次胜利，当时我们使用的武器是试验性地安装在飞机上的大口径（37 毫米）机炮。发射的时候，只听到我们座机下方传来了短促有力的轰鸣，我们的猎物就爆炸了，由于敌机的碎片从四面八方飞过来，这令我们感到非常紧张。

## 1944 年 5 月 13 日

1944 年 5 月 13 日，一架新交付芬洛的 He 219 战斗机（工厂编号 190179）返厂进行维修。其返厂的具体原因和损坏状况不明。在第 1 夜间战斗机联队第一大队服役的短暂时间内，该机被分配到第 2 中队，并得到了"G9+PK"的机身号。在战争结束时，人们在莱赫福德（Lechfold）发现了这架飞机。

## 1944 年 5 月 15 日

1944 年 5 月 15 日，He 219 A-074（工厂编号 190188，机身号 BE+JA）从施韦夏特被运到芬洛。第二天，它被第 1 夜间战斗机联队第一大队正式接收，随后被分配到第 3 中队，并被授予了"G9+BL"的新机身号。值得一提的是，这是第一架安装了 FuG 16 ZY 型无线电电台的 He 219，这是一种甚高频（VHF）的收发信机/应答器，具有方向性飞行仪表（Z = Zieflug）和战斗机控制系统（Y = Y-agd Verfahren）的双重功能，从此，该型无线电成了 He 219 出厂时的标准设备，而早期的 He 219 安装的是 FuG 16 ZE 型电台。

1944 年 5 月 15 日，位于芬洛基地的 He 219（工厂编号 190188，机身号 BE+JA），当时它刚交付第 1 夜间战斗机联队第一大队后不久。6 月 3 日至 4 日晚，该机在荷兰上空被皇家空军第 219 中队的蚊式击落。这组照片中的高个子飞行员是保罗·福斯特上尉（后晋升少校）。与福斯特一起出现的是他的常用无线电员恩斯特·博默尔。1944 年 10 月 1 日，福斯特在对盲降设备进行测试时，他驾驶的 He 219（工厂编号 190194，机身号 G9+CL）在明斯特-汉多夫坠毁。

## 1944 年 5 月 19 日至 20 日

1944 年 5 月 19 日 23 点 40 分左右，第 1 夜间战斗机联队的 He 219 战斗机从芬洛起飞，试图拦截一支前往科隆的蚊式战机编队。两周前，维尔纳·巴克成功击落了一架蚊式战机，创造了 He 219 首次战胜蚊式的记录，在此鼓励下，德军希望 He 219 能够再次取得成功。在这个没有月亮的夜晚，参与行动的还有来自第二大队队部的 He 219（G9+DC）。后者于 23 时 34 分从代伦起飞。驾驶飞机的是大队的技术官奥托-海因里希·弗里斯（Otto-Heinrich Fries）少尉，这也是他首次驾驶 He 219 参加战斗。然而，结果是，皇家空军的蚊式完成了他们的任务，没有受到任何干扰，所有 29 架蚊式都顺利返回了基地。但是对于弗里斯和无线电员阿尔弗雷德·斯塔法（Alfred Staffa）技术军士来说，这个夜晚将标志着他们第一次体验到 He 219 革命性的新型弹射座椅。就在凌晨 1 时 20 分的时候，在返回代伦的途中，他们的飞机被一个看不见的跟踪者击中，导致右舷发动机爆炸起火。攻击者可能是来自皇家空军第 100 大队的蚊式战机。当天夜间，除了上述 29 架蚊式之外，皇家空军还额外派出 23 架次蚊式战机入侵了欧洲大陆，不过，到目前为止还没有从英国方面获得相关资料。50 多年后，弗里斯回忆起当晚的行动：

我在 7000 米处被一架蚊式击落。左边的发动机着火了。我什么也看不见，我的眼睛充血。但我本能地抓住操纵杆，支撑着自己，把飞机从俯冲中改出来。（此时 He 219 已经在 2500 米高空，斯塔法已经弹射出去了。）然后我知道——我的大脑几乎完全无法运转了——我必须得弹射出去。但我就是不记得释放杆在哪里。我摸出我的袖珍手电筒，用它四处寻找，最终找到了释放杆。然后我拉起释放杆，弹射了出去。不过，情急之下，我忘了把头往后仰，所以把脖子肌肉给拉伤了。我在半空中翻来覆去，但仍然被绑在座椅上。我认为自己首先得把它抛掉，于是解开了绑带，座椅应声而下。随后我歇了一会儿。人们对高度有一定的感觉，即使是在伸手不见五指的暗夜。

1944 年 4 月 14 日，工厂编号为 190116 的 He 219 被交付给第 1 夜间战斗机联队第一大队，机身号为 DV+DL。四个星期后，它被转移到代伦的第二大队。在那里，该机被分配到大队队部，并被授予 G9+DC 的新机身号。在上面的照片中，该机似乎正在进行设备测试，然后再被运往前线。

于 1 时 25 分坠毁于斯海尔托亨博斯（'s-Hertogenbosch）以南 3 公里处。两人都因在行动中受伤而被送往医院。弗里斯遭受了轻微的脑震荡，额头被割伤。斯塔法安全地弹射出去，但是当他落在一个房子的屋顶上时，他的颅底骨折了。两人最终都恢复了飞行任务，并在 1945 年再次从座机中弹射。

## 1944 年 5 月 21 日

1944 年 5 月 21 日下午，当皇家空军的战斗机出现在丹麦的德国空军基地上空时，两架正在进行"目标模拟"（Zieldarstellung）演习的 He 219 战斗机被打了个措手不及。这次突袭是由皇家空军第 418 中队的蚊式 Mk. VI 型战斗轰炸机领衔的，并得到了第 19 中队的野马战斗机的支持。接下来是一场短暂而激烈的空战，德国空军昼间战斗机从奥尔堡以东和格罗夫（Grove）出发，试图拦截"入侵者"，并为毫无戒心的 He 219 机组人员提供一些保护。蚊式战机飞行员詹姆斯·科尔（James Kerr）中尉提交了以下作战报告：

两架蚊式，在 8 架野马战斗机的护航下，从科尔蒂瑟尔出发，13 时 58 分前往丹麦的阿尔博格（Alboorg，原文如此）和格罗夫机场，18 时 30 分在本土基地降落。在敌人的海岸，我们分

奥托-海因里希·弗里斯写给亨克尔教授的战场报告，详细说明了 WNr. 190116 损失的经过。为了掩盖该机的真实身份，他将其描述为一架 He 111 N。

当我感觉到云层和湿气的时候，我想："好吧，这肯定有 1200 米高。"所以我拉了绳子。降落伞打开了，我落到了一个牧场上。就在我前面，离我不到一米的地方，有一大坨牛粪。当我解开降落伞时，我想："自己真是个幸运的混蛋。"（笑）。

当时，他们的 He 219（工厂编号 190116），

成了两部分，其中雅斯佩尔（Jasper）驾驶一架蚊式，带着 3 架"野马"——其中一架在北海上空折返，前往阿尔博格的东面，我们带着 4 架"野马"前往该城的西面。就在我们飞经该城的上空时，雅斯佩尔在无线电上呼叫，说有 4 架敌机分两组向我们袭来。此时，我们发现一架敌机在 3000 英尺高度飞行，方向是 180 度，大约在 7 英里外。我们叫来野马战机，指出了敌机的位置，野马战机抛掉副油箱并发出了信号，然后发起了追击。当我们正在追赶这架敌机时，我们又观察到一架 FW 190 在很低的高度高速飞行。此时这架敌机突然向上拉起，并摆动机翼以向其他敌机发出警告。然后它就消失了。我们准备对原先的目标发动进攻，此时"野马"已经被抛在了后面。距离敌机 1000 码，我们将蚊式拉起来，从敌机的下后方展开进攻。16 时 30 分，在确认敌机为一架法制 Leo 45 后，我们在距离它 300 码处开火，连续两次，每次持续 2 秒。第一次攻击导致敌机左舷发动机着火。从 150 码处进行的第二次射击击中了它的尾部和机身，导致其崩出了很多碎片，最后看到敌机向地面俯冲，火焰和烟雾弥漫开来。我们转向右舷并向下拉，以避开敌机碎片，然后转向 180 度，回头一看，一架 FW 190 正在 5 点钟方位、大约 1000 英尺高度以上飞行。这架 Fw 190 做了一个急转弯，然后开始俯冲攻击。它在距离我们 100 码时，发射了一轮子弹，然后俯冲并转向右舷。敌机飞走了，我们继续绕过去想从它后面发动进攻，但是它已经消失不见了。大约在 Leo 45 坠毁的位置，一柱烟雾从一丛树木中冒出来。我们呼叫"野马"，要求它们调整航向，我们共同将航向设定为 160 度，然后看到另一架敌机在 2000 英尺高度、距离我们 3 英里的航线上向左舷飞行，想远离我们。"野马"编队紧

跟着敌机，其中 2 架展开进攻。我们转向左舷，也开始追逐这架敌机。在敌机尾部 300 码处，我们展开了第一轮齐射，总共持续了 3 秒，能看到敌机引擎和机身被击中。但它继续沿着直线飞行。我们接近到 50 码，然后继续进行了 2 秒钟的射击，当我们拉起机头以避免碰撞时，我们看到敌机已经陷入了一个非常陡峭的俯冲轨迹，还观察到敌机的机头有一根较短的三棱形天线，与我们的蚊式 Mark IV A. I 型相似。随后，我们转向右舷，回头看到这架敌机已经坠毁，火光四射，从地面上消失。随后，我们跟"野马"编队改弦更张，开始返航，专业的导航使我们没有发生进一步的灾难。在基地降落后，我们发现有两架野马战机失踪了。一架和雅斯佩尔一起飞行，另一架和我们一起飞行，后者曾对一架 Me 109 F 展开进攻，该机在我们靠近第二架 Leo 45、准备对其展开第一次攻击时向我们俯冲攻击，尽管没有打到我们，但击中了一架"野马"。我们没有看到这场战斗，也没有看到两架"野马"对第二架 Leo 45 展开攻击的场景。第一架"野马"显然是主动发起了进攻，但被 Leo 45 顶部炮塔的火力击中了左翼，导致左翼着火，这架"野马"随后脱离了战场，向空中发射了所有剩余的弹药，所幸火势逐渐熄灭。第二架"野马"并没有对敌机发动猛烈攻击。因此，我们宣称我们自己独立摧毁了第一架 Leo 45，至于第二架 Leo 45，它一半归我们，另一半应该由第 19 中队的飞行员分享。摄像枪自动拍摄的照片可以证明这一点。这次行动所采用的战术是试验性的，如果没有护航，在类似的天气条件下，我们是无法采取这种行动的，因为敌人的战斗机会反扑。我们认为，考虑到这是第一次采取此类行动，该战术是非常成功的。

虽然在英军报告中被称为 Leo 45，但德国空军在同一天发布的一份战斗报告证实，这些飞机实际上就是 He 219。

虽然科尔声称有两架 Leo 45（实为 He 219）在交战中被击落，但德国空军的战报只列出了一架 He 219 被敌人摧毁的记录。值得注意的是，科尔并没有提到他所攻击的第 11 架 Leo 45 坠地的全过程，而且几乎可以肯定的是，"从一丛树木中冒出来的烟柱"实际上是一架护航的野马战斗机和一架从格罗夫起飞的第 11 战斗机联队第 10 中队的"梅塞施密特"Bf 109 G-5 在空中相撞的结果。当时，沃尔夫冈·施罗德-巴克豪森（Wolfgang Schroder-Barkhausen）驾驶的 Bf 109 正在向科尔的蚊式开火，然而，他的座机突然跟安东尼·G. 伯德（Anthony G. Bird）驾驶的"野马"（FX999，"Green I"）撞在了一起。两架飞机于 16 时 40 分在伊卡斯特（Ikast）南部的丰恩拜克盖德（Fonnesbaek-gaaed）附近坠地，相距只有几百米，两名飞行员都阵亡了。

参与攻击第二架 Leo 45（He 219）的野马战斗机由 21 岁的贝尔（M. H. Bell）驾驶，他后来提出了他的首个战果申请。贝尔在作战报告中讲到：

我当时驾驶的是白色 2 号"野马"，在维堡以南，我在 3 点钟方向看到一架 Leo 45 正在向北飞行。我当时正在进行右转弯，转弯完成后，我已经领先并超越了敌机。于是我不得不放下一些襟翼，并观察到蚊式在我的左侧开火。从距离敌机 400 码到 250 码处，我一直在开火。此

Leo 45 是一种双引擎的法国轻型轰炸机，可通过其双尾翼和斜向的尾翼末端来识别，这些特征均与 He 219 相同。对于没有预料到会在白天遇到这种亨克尔夜间战斗机的英军机组人员来说，出现这种识别错误是完全可以理解的。

时，敌机的机头开始向下俯冲，这使我切到了它的后方，我继续射击，看到敌机左舷发动机被击中并发生爆炸，随后发动机从它的左翼脱落，敌机燃烧着不断下坠。然后我们重整旗鼓，向科尔蒂瑟尔出发。

科尔和贝尔声称击落的 He 219 来自第 1 夜间战斗机联队第 3 中队——工厂编号为 190107，机身号为 G9+FL——于 17 点在海明（Heming）以南 20 公里处被击落，机组成员埃瓦尔德·坦普克（Ewalde Tampke）中士和爱德华·坦布斯（Eduart Tanbs）丧生。

科尔的报告"从 Leo 45 的顶部炮塔还击"是不正确的，因为 He 219 没有安装炮塔，也没有发现任何证据表明这架 He 219 安装了后射机枪。

## 1944 年 5 月 21 日至 22 日

1944 年 5 月的前三周，轰炸机司令部的夜间行动主要是针对法国和比利时的战术目标，为诺曼底登陆做准备。但是在 5 月 21 日至 22 日

的无月之夜，轰炸机司令部恢复了对德国城市的攻击，当夜，有 510 架兰开斯特和 22 架蚊式被派往杜伊斯堡。杜伊斯堡位于莱茵河和鲁尔河的交汇处，尽管该城被浓密的云层覆盖，但通过使用 H2S 地面测绘雷达，攻击者很容易就找到了它。为了保卫该城，德国夜间战斗机的指挥层命令 100 多架双引擎的夜间战斗机——包括第 1 夜间战斗机大队的 He 219 战斗机对前者进行拦截，但大多数德军夜间战斗机直到 1 时 40 分，也就是轰炸开始前的几分钟才升空作战。当晚，莫德罗和施耐德驾驶一架 He 219（G9+EK）于零点 56 分从芬洛起飞。有趣的是，两人曾在 5 月 17 日和 20 日驾驶 G9+EK 在白天进行了练习飞行，这表明这是一架新飞机，很可能是第一批安装了 FuC 16 ZY 的 He 219 之一。

在空袭杜伊斯堡的行动中，轰炸机司令部一共损失了 29 架轰炸机。其中 5 架被 He 219 的机组成员认领，但如果纳布里希中尉的座机不出状况的话，He 219 所取得的战果可能会更多。他的无线电员哈比特回忆道："在须德海（Zuider Zee，现在被称为艾瑟尔湖）上空，我们与敌军轰炸机编队（正在返航）发生了接触。在我的引导下，飞行员驾驶 He 219 从 3 架'兰开斯特'的尾部靠近，直到目标进入他的目视范围为止。不过，在随后我们发动的三次攻击中，只有一架'兰开斯特'被命中，但它没有着火就坠落了。我们也没有在地面上看到敌机坠机的痕迹和火焰。它是否试图挣扎着回家，结果却在海上或英国本土坠毁了？第二天早上，我们检查座机的武器系统时，发现机枪没有校准好！"

当晚，5 个 He 219 机组各自击落一架兰开斯特飞机：1 时 32 分，施特吕宁上尉在 5300 米（17400 英尺）的高度击落了一架"兰开斯特"，这是他第三次驾驶 He 219 战斗机出战。虽然他

的受害者的身份不详，但还是被认定为他的第 44 个战果。1 时 37 分，亨瑟勒中尉在多德雷赫特东北 10 公里处，在 6000 米（19700 英尺）高度击落一架兰开斯特轰炸机。这是亨瑟勒驾驶 He 219 所取得的第 3 个战果，也是他的第 7 次空战胜利。四分钟后，莫德罗在埃因霍温西南 20 公里处的 4000 米（13100 英尺）处击落了一架"兰开斯特"。被击落的轰炸机，皇家空军第 635 中队的"兰开斯特"（ND819，"M"）在吕克斯泰尔（Luijksgestel）坠毁，损失了 5 名机组成员。奇怪的是，当晚，来自一支非 He 219 部队——第 2 夜间战斗机联队第 7 中队的汉斯·舍费尔中尉，也声称获得了这一战果。而这两个说法后来都得到了德国空军最高统帅部/帝国航空部的证实。此外，第 1 夜间战斗机联队第一大队的指挥官保罗·福斯特上尉，在安特卫普西北 12 公里处的 6200 米（20300 英尺）处击落了一架兰开斯特轰炸机，这是他驾驶 He 219 战斗机所取得的第一个击落记录。英军轰炸机编队在返航时飞越荷兰海岸，于是战斗在北海上空继续进行，汉斯·卡莱夫斯基少校在 2 时 12 分取得了当晚 He 219 部队的最后一场空战胜利：他在荷兰角外 4500 米（14800 英尺）处击落了一架兰开斯特轰炸机。

## 1944 年 5 月 22 日至 23 日

在 5 月 22 日至 23 日夜间，轰炸机司令部共将 361 架"兰开斯特"和 14 架蚊式派往多特蒙德，在行动中，一共损失了 18 架"兰开斯特"，其中 5 架被第 1 夜间战斗机第一大队的 He 219 机组认领。亨瑟勒在莱茵河以南 5500 米（18,000 英尺）处击落了一架英机，他的受害者可能是第 103 中队的"兰开斯特"（ND 629，"G"），

它在接近目标时在多特蒙德西北 70 公里处的阿豪斯（Ahaus）坠毁。5 分钟后，卡莱夫斯基少校声称在多特蒙德西北 6000 米（19700 英尺）处击落了一架兰开斯特轰炸机，被击落的轰炸机身份不明。再后来，3 架兰开斯特轰炸机在返回英国的途中在低地国家上空被击落。1 时 14 分，巴克中尉在比利时东部内佩尔特（Neerpelt）西南 4500 米（14800 英尺）处对一架兰开斯特轰炸机展开攻击。他的受害者可能是一架来自第 75 中队的"兰开斯特"（ME690，"Z"），它坠毁了，7 名机组成员全部遇难。同样在 1 时 14 分，在内佩尔特以北 70 公里处，施特吕宁在吉森（Giessen）附近的 4500 米处击落了一架兰开斯特轰炸机，这是他驾驶 He 219 飞机所取得的第 4 次空战胜利，也是他个人的第 45 次空战胜利。然而，到目前为止，在英国方面还找不到任何资料与他的这一战果相匹配。莫德罗上尉的 He 219 取得了当晚最后一次空战胜利。他于 23 时 46 分驾机（机身编号 G9+EK）从芬洛起飞。1 时 25 分，他在芬洛以西 30 公里处的 5200 米（17100 英尺）高度发现了一架兰开斯特轰炸机——后来被确认为第 626 中队的"兰开斯特"（NE 118，"U2"），该机在阿斯滕（Asten）坠毁，损失了 3 名机组成员。对于莫德罗和他的无线电员埃里希·施耐德来说，这次飞行任务在一小时后结束，他们于 2 时 18 分在芬洛着陆。

## 1944 年 5 月 23 日至 24 日

5 月 23 日至 24 日晚上，多特蒙德再次成为轰炸机司令部的目标，其派遣了 24 架蚊式前往鲁尔区的城市。还有额外 16 架蚊式被派往柏林。德国空军夜间战斗机部队针对英军空袭采取了什么措施目前已经不得而知，但在 23 时 33 分，一架 He 219（G9+EK）从芬洛起飞，该机由莫德罗负责驾驶，施耐德负责 SN-2 雷达。他们很可能是为了对付皇家空军第 100 大队的两架电子干扰机而被派往高空的。不管德军的目的是什么，事实证明，他们这次任务没有获得任何战果——根本没有发现敌机，他们于零点 30 分空手回到了芬洛。

## 1944 年 5 月 24 日至 25 日

轰炸机司令部于 5 月 24 日至 25 日夜间向亚琛的铁路货场派遣了 426 架重型轰炸机。这次空袭由两支独立的轰炸机编队执行，第一波攻击编队负责在 1 点前攻击亚琛东部的罗特·艾德（Rothe Erde）货车场，90 分钟后，第二波编队攻击亚琛西部的货车场。这次空袭遭到了德军的强力反击，后者声称击落了 33 架英军重型轰炸机。不过，这一数据实际上是有所夸大的，轰炸机司令部实际上在第一波攻击中损失了 25 架重型轰炸机，包括 18 架"哈利法克斯"；在第二波攻击中损失了 7 架"兰开斯特"。其中有 6 个战果被第 1 夜间战斗机联队第一大队的 He 219 机组认领。其中，庄汉斯·卡莱夫斯基少校驾驶的 He 219 于零点 45 分击落了第一架英军轰炸机——一架位于亚琛以北 30 公里处 5000 米（16400 英尺）处的"哈利法克斯"。后来经过确认，该机来自第 640 中队（MZ579，"T"），被击落的轰炸机在叙斯特塞尔（Susterseel）坠毁，损失了 6 名机组成员。两分钟后，施特吕宁上尉在比利时利奥波德堡（Leopoldsburg）地区上空 5900 米（19400 英尺）处发现并攻击了一架哈利法克斯轰炸机，其可能来自第 429 中队（HX 352，"L"），该机最终在伽利克（Gelliek）坠毁。随后，施特吕宁接到指示，向西飞行 160 公里到奥斯坦德附近的沿海地区，以便对德军地面雷达于近海探测到的一个目标展开追踪。这一所谓的"目标"实际上是来自第 612 中队（阿伯丁郡）的惠灵顿轰炸机（HF87），当时它正在 2600米（8500 英尺）高度执行反潜巡逻任务，施特吕宁在 1 时 15 分将其送入北海，这也是他当晚所取得的第二个战果。

在这个夜晚，最后 3 架被德军夜间战斗机机组人员击落的轰炸机是对亚琛西部空袭的"兰开斯特"，而且均由 He 219 机组人员认领。2 时41 分，纳布里希中尉在亚琛西北 25 公里处的5600 米（18400 英尺）高度击落了一架"哈利法克斯"。他的受害者很有可能是第 15 中队的"兰开斯特"（ND955，"W"），它在荷兰的索梅伦（Someren）坠毁，7 名机组成员全部牺牲。7 分钟后，亨瑟勒中尉击落了一架来自第 405 中队的"兰开斯特"（ND526，"M"），它在蒂尔堡市中心以南 3 公里处的希尔瓦伦贝克（Hilvarenbeek）坠毁。该机有多达 7 名机组成员幸存，但飞行员戈登·班尼特（Gordon Bennett）阵亡。在 2 时 51 分，纳布里希取得了他当晚的第二个战果，他在蒂尔堡以北 5500 米高度击落了一架"兰开斯特"，其来自皇家空军第 419 中队（KB706，"A"），坠落于伦纳德·欧佩克·祖德（Loon op Zund，位于蒂尔堡以北 5 公里处），6 名机组成员阵亡，第 7 名机组成员——利里科（W. D. Lillico）也因为伤势过重第二天在医院死亡。

据纳布里希的无线电员弗里茨·哈比特技术军士回忆，如果他们的座机能装备普通武器的话，他们本应该取得更高的战绩："因为当夜，我们常用的 He 219 基本型号（采用基本武器配置）不可用，因此我们被迫搭乘一架特殊He 219 型号起飞出击。这架飞机只配备了两门机炮，每门机炮携带 150 发炮弹，且没有装甲，用于在极限高度猎杀蚊式。在亚琛上空，我们击落了一架'哈利法克斯'，它在一片火焰中坠毁。不久之后，当敌军轰炸机掉头回家时，我们又在亚琛以西击落了一架兰开斯特轰炸机。第三次拦截，我们没有取得战果，因为我们已经耗光了所有弹药。"

当夜，莫德罗和施耐德也驾驶一架 He 219（G9+EK）出击，打算对英军轰炸机展开拦截，不过，在整整 3 个小时徒劳无功的巡航之后，他们于凌晨 2 时 37 分返回了芬洛，未能与敌机发生接触。

## 1944 年 5 月 26 日至 27 日

1944 年 5 月 26 日至 27 日的夜晚标志着德国空军夜间战斗机部队"猎蚊"行动的里程碑，当夜，有两架难以捉摸的蚊式高空轰炸机被第 1夜间战斗机联队第 3 中队的 He 219 机组人员击落。这两架被击落的蚊式战机都属于 B Mk. IV型，均隶属于轻型夜间打击部队（LNSF），当夜，皇家空军将 30 架蚊式派往路德维希港，突袭时间定在零时 46 分至 1 时 09 分之间。

凌晨 1 时 21 分，阿尔弗雷德·劳尔（Alfred Rauer）技术军士在韦尔（Werl）上空 7200 米高度击落了一架蚊式。这架蚊式（DZ649）隶属于皇家空军第 692 中队，当时该机正打算返回英国，在位于路德维希港西北方 200 公里处，它遭到了劳尔驾驶的 He 219 的攻击，随即坠落在港口以北的海内尔沙伊德，两名机组成员牺牲。在当夜，劳尔和他的无线电员海因茨·韦伯（Heinz Weber）于 23 时 40 分驾驶一架 He 219（G9+DL）从芬洛出击，于凌晨 2 时结束巡航任务，并降落在位于路德维希港以北 55 公里处的美因茨-芬特恩。

第 2 架蚊式于凌晨 1 时 27 分被威廉·"威利"·莫洛克（Wilhelm "Willi" Morlock）军士长驾驶的 He 219 击落，这也是他的第一个战果。在接下来的几个月中，他将驾驶 He 219 大杀四方，成为这种战机的第三号王牌。莫洛克是在丹麦海岸捕捉到它的猎物的，两者接触的地点位于顿堡（Domburg）以北 20 公里处，高度大约为 5000 米，在莫洛克的持续攻击下，这架蚊式掉入了北海。后来，经过证实，这架蚊式（DZ610）属于第 139 中队，其两名机组人员全部阵亡。根据莫洛克的说法，空战的时间、地点和高度暗示，这架蚊式可能在返航的时候遇到了机械故障，于是遭到 He 219 拦截并被击落。

为了应对蚊式的大举入侵，当夜德军夜间战斗机部队可谓是倾巢出动，出击部队来自第 1、第 2、第 3 和第 5 夜间战斗机联队，但只有第 1 夜间战斗机联队第一大队的 He 219 机组取得了成功。现在事实已经很明显了，Bf 110 G-4、Ju 88 C-6 和 Ju 88 G-1 夜间战斗机的速度都太慢，根本无法赶上英国皇家空军的"木制奇迹"，这一事实并没有被亨克尔的董事会忽视，他们在 He 219 的未来希望看起来很渺茫的时候，适

蚊式 B Mk. Ⅳ 型，编号 DZ313，与 1944 年 5 月 26 日至 27 日夜间 He 219 机组击落的蚊式战机相似。

时与帝国航空部和米尔希元帅进行了讨论。

## 1944 年 5 月 27 日至 28 日

1944 年 5 月 27 日至 28 日夜间，轰炸机司令部派出若干互相独立的轰炸机编队，对西欧的德国军事设施和铁路货场发动空袭。当夜，英军共派出 1100 架四引擎重型轰炸机，24 架未能返航，其中 2 架重轰在英国本土的伍德布里奇机场坠毁。这些损失主要发生在两次任务中：12 架"兰开斯特"在空袭亚琛的罗特·艾德铁路货场的行动中被击落；9 架"哈利法克斯"和 1 架"兰开斯特"在轰炸比利时东部的布格-利奥波德军营时被击落。在被德国空军击落的 22 架重型轰炸机中，有 3 架被第 1 夜间战斗机联队第一大队第 2 中队的 He 219 飞行员莫德罗认领。然而，到目前为止，还不可能将德军的战果与英军的损失相匹配，因为夜间战斗机机组人员声称（并被记入战绩表）的战绩比英军实际的损失要大，而且空袭亚琛的几架轰炸机是在北海坠毁的，因而实际坠毁地点无法确认。

在 24 小时前，第 1 夜间战斗机联队第 3 中队的莫洛克军士长刚刚取得了他的第一个战果，在这个夜晚，他又有所斩获。凌晨 1 时 44 分，他在比利时海岸附近的克诺克-卡德桑德（Knokke-Kadzand）附近的 4000 米高处击落了一架四引擎轰炸机（Viermot）。几乎可以肯定的是，被击落的轰炸机是正在接近欧洲大陆的亚琛突袭者之一，可能是第 166 中队的 LL916，第 103 中队的 ND362，或者第 12 中队的 ND679。

凌晨 2 点 25 分，莫德罗取

得了他当晚首个战果——一架在相对较低的 2000 米高度飞行的"兰开斯特"。17 分钟前，莫德罗和他的无线电员施耐德驾驶 He 219（G9+EK）从芬洛起飞，冲向荷兰海岸，在鹿特丹以西约 15 公里的"比贝尔（Biber）"雷达站的指挥下进行巡逻。被莫德罗击落的英军轰炸机在北海坠毁。10 分钟后，他又声称击落了一架兰开斯特轰炸机，也是在 2300 米的低空飞行的时候。他的受害者 LM459，是英军在空袭布格-利奥波德的行动中损失的唯一一架"兰开斯特"。3 时 28 分，莫德罗取得了第三个战果，其在杜尔布伊上空另击落了另一架低空飞行的"兰开斯特"。不过，这架飞机的身份不明。4 时 02 分，莫德罗和施耐德在芬洛降落。或许，当晚第 1 夜间战斗机联队第 3 中队的劳尔所取得的战果才是最引人注目的。当时劳尔驾驶一架 He 219（G9+DL），于 2 时 44 分在登海尔德西北 60 公里处的北海上空击落了一架蚊式。虽然皇家空军在这个晚上损失了若干架蚊式，但无法将劳尔声称的战果与英军的损失联系起来。尽管如此，劳尔的说法还是得到了德国空军最高司令部/帝国航空部的确认，这是他驾驶 He 219 所取得的第 3 场空战胜利，也是他个人的第 6 个战果。当晚，劳尔和无线电员海因茨·韦伯的飞行任务于凌晨 3 时 30 分结束，随后他们在吕伐登着陆。下个月，他们将被调到韦尔诺伊兴的第十夜间战斗机大队第 2 中队。

## 1944 年 5 月 28 日至 29 日

1944 年 5 月 28 日至 29 日，轰炸机司令部下属的轻型夜间打击部队（LNSF）派出 31 架蚊式对路德维希港展开空袭，第 1 夜间战斗机联队第一大队的 He 219 起飞迎战。在 5 月 26 日至 27

日的类似行动中，有 2 架蚊式葬身在 He 219 的枪口下，但这一次，蚊式编队成功地躲过了追捕者，平安无事地返回了基地。

## 1944 年 5 月 29 日至 30 日

5 月 29 日至 30 日晚上，轻型夜间打击部队的蚊式在德国上空再次活跃起来，共有 42 架飞机被派往汉诺威和克桑滕。被派去抵御英军蚊式战机入侵的机组中包括莫德罗和施耐德，他们于零点 51 分驾驶 He 219（G9+EK）从芬洛起飞。然而，他们没有与敌机接触，他们的飞行任务在凌晨 2 时 53 分结束，并降落在芬洛。

## 1944 年 5 月 31 日至 6 月 1 日

1944 年 5 月 31 日至 6 月 1 日晚上，莫洛克在斯凯尔德河口附近击落了两架敌机，使他的战绩翻了一番。第一架是洛克希德"哈德逊"轰炸机（Lockheed Hudson），莫洛克于凌晨 1 时 10 分在索伦（Tholen）东南 2 公里处、2000 米高度击落了该机。1 时 41 分，莫洛克在北海沃尔赫伦（Walcheren）岛附近 1700 米（5600 英尺）的高空击落了一架"哈利法克斯"，从而获得了他当夜的第二个战果。这两架飞机——第 161 中队的"哈德逊"（Y9155）和第 138 中队的"哈利法克斯"（LL276）都是在执行支援抵抗组织的特种作战任务时被 He 219 击落的。

## 1944 年 6 月

1944 年 6 月，在盟军诺曼底登陆前后，法国上空的空战日益激烈。对于轰炸机司令部来说，这个月标志着在中断了 12 个多月之后，昼间轰炸行动的回归——这一行动只有在盟军空中优势不断增强的情况下才有可能实施。德国在法国的军事设施，包括海岸炮和加莱海峡地区的 V-1 导弹发射和储存地点，均受到了英军的持续攻击。因为这些是盟军的首要目标，也因为每年这个时候黑夜的时间相对较短。6 月，轰炸机司令部很少冒险深入德国发动袭击，即使派出若干轰炸机编队，也基本没有对鲁尔区以外的地区发动空袭。这方面的例外是定期访问柏林的轻型夜间打击部队（LNSF）的蚊式战机，它们持续对德国首都进行袭扰性轰炸。1944 年 6 月，轰炸机司令部还首次对德国合成

燃料和纤维素工厂发动了空袭，这一行动将持续到战争结束。

随着盟军在诺曼底登陆，战斗的焦点逐渐转移到了法国西部，这令其他地区的战斗人员得到了喘息的机会，但亨克尔工厂并没有趁机向前线部队交付更多的 He 219。事实上，这个月只有 13 架新 He 219 出厂，比 1944 年 5 月还少了 2 架。交付量的减少可能是在 4 月下旬盟军对施韦夏特工厂发动空袭的直接后果。到了 6 月，He 219 A-2 系列的生产才刚刚在罗斯托克工厂开始。截至 1944 年 6 月，He 219 的数量如下面表格所示。

| 部队 | | 第 1 夜间战斗机联队第一大队（I. ／NJG 1） | 第 1 夜间战斗机联队第二大队（II. ／NJG 1） | 第 1 夜间战斗机联队队部（Stab. ／NJG 1） | 第 1 夜间战斗机联队训练中队（Schul St NJG 1） | 第十夜间战斗机大队（NJGr. 10）第 2 中队 |
|---|---|---|---|---|---|---|
| 1944 年 6 月 1 日 | | 29 | 7 | 1 | 0 | 5 |
| 增加 | 总数 | 8 | 1 | — | 3 | 7 |
| | 新建 | 6 | 1 | — | — | 6 |
| | 修复 | 2 | — | — | — | — |
| | 从其他部队调转 | — | — | — | 3 | 1 |
| 减少 | 总数 | 16 | 3 | — | 1 | 2 |
| | 被敌人摧毁 | 3 | — | — | — | — |
| | 事故损失 | 9 | — | — | 1 | 1 |
| | 维修中 | — | 1 | — | — | — |
| | 调转至其他部队 | 4 | 2 | — | — | 1 |
| 1944 年 6 月 30 日 | | 21 | 5 | 1 | 2 | 10 |

第 1 夜间战斗机联队第一大队在整个 6 月因各种事故损失了 9 架 He 219，这是继 5 月因类似原因损失 10 架 He 219 后的又一个令人震惊的数字。然而，与这些损失相对应的是，6 月

He 219 摧毁了 37 架敌机，包括 5 架蚊式，这是整个战争期间 He 219 实战战绩最高的一个月。

1944 年 6 月，第 1 夜间战斗机联队训练中队正式成立，总部设在丹麦的格罗夫机场，该

中队从第 1 夜间战斗机联队的其他部队转调了 3 架 He 219（和 7 架 Bf 110G-4）。然而，事实证明，训练中队只使用了很短的一段时间 He 219。到 1944 年 8 月底，所有 He 219 均被转移到了其他部队。

## 1944 年 6 月 1 日

1944 年 6 月 1 日，第 1 夜间战斗机联队第一大队损失了一架 He 219（G9 + AK，WNr. 190119）。该机在丹麦上空进行武器训练时坠毁。14 时，飞机在 80 米高度飞行时，突然冒出了一股股浓烟，然后坠落在穆尔山（Mulbjerge）以东 2 公里的地方（奥尔堡东南约 25 公里）。在失事时，He 219 的机身上还载有三名机组成员，这三人都在事故中丧生。1944 年 6 月 10 日，三名 He 219 机组成员——弗里德里希·古特中尉、安德烈亚斯·克莱因（Andreas Klein）技术军士和赫伯特·奥托（Herbert Otto）二等兵被安葬在腓特烈港公墓。

弗里德里希·古特中尉。

也是在这一天，亨克尔公司派出技术人员参加了在芬洛举行的会议，第 1 夜间战斗机联队的飞行员在会议上详细介绍了他们的 He 219 所遭遇的技术问题。参加这次会议是亨克尔公司将某种战机投入实战的正常程序，目的是帮助前线部队顺利换装 He 219 夜间战斗机。从亨克尔的角度来看，这次会议也是一次公开展示，以表明他们完全致力于支持 He 219 的实战。它也给了亨克尔一个机会来迅速解决目前遇到的棘手问题，更重要的是，前者必须在这些问题发酵之前迅速解决。在会议结束时，亨克尔技术团队的负责人韦伯先生向亨克尔教授提交了以下报告，共罗列了 15 个独立的项目。其中编号为 1 至 13 的项目是第 1 夜间战斗机联队第一大队的人员提出的。报告中对 He 219 的起落架问题进行了讨论，还列出了第二大队的提议，即在 He 219 的机腹安装一挺防御机枪：

1. 起落架轮胎使用量过大。目前共计更换了 400 个轮胎和内胎。这意味着在两次飞行后就必须彻底更换轮胎，但机鼻起落架轮胎的磨损并不明显。

2. 刹车片和刹车背板的烧毁问题严重。轮胎刹车片的快速磨损引起了前线人员的特别批评，此外，他们还提出了更多的问题，例如刹车片的燃烧和断裂问题。在夜间行动中，有几次德军地勤人员不得不使用灭火器。为此，第一大队曾联系过雷希林测试中心，后者的技术人员建议使用 Me 262 的制动轮，这种制动轮的吸热能力是普通刹车片的两倍。

3. 过高的油温。在连续爬升到 6000 米高空追击蚊式的过程中，He 219 的滑油散热器经常出现故障。在 3000 米处，散热器处于全开状态。滑油和水的温度上升到 100 度以上，飞机的爬升能力显著下降。由于温度过高，任务经常不得不中止。第一大队曾重新设置过恒温器，以提高灵敏度并使冷却器鳃部更快打开，然而，事实证明，其性能没有任何改善。此外，第一大队还曾试图通过缩短冷却鳃来改善恒温器的性能。

4. 滑油散热器和散热器出现故障。第一大队认为滑油散热器和散热器的故障是不可容忍的。在过去的三个月里，有多达 102 个散热器和

92 个滑油散热器因出现泄漏问题而必须更换。

5. 安装"斜乐曲"斜射武器系统的进度缓慢。第一大队部分 He 219 已经安装了这种武器系统。第一套"斜乐曲"的安装工作由一名专家和两名助手完成，历时 14 天。这些武器被缩短了 24 厘米，据说性能得到了提高，但炮弹初速却降低了。在这种情况下，有人抱怨工厂为 He 219 安装"斜乐曲"的时间太长，现在已经持续了整整五周。

6. 折叠式座舱盖的控制电缆存在问题。截至目前，He 219 部队共出现了 50 例折叠式座舱盖的控制电缆失效的问题。第一大队想换装可靠性更强的电缆，并缩短缆绳导向管，以便缆绳可以被插入和取出，而不需要拆除座舱盖的后部固定部分。

7. 机鼻轮舱的液压管线存在问题。有几架飞机的机身左侧鼻轮舱的液压管线必须进行更换，因为鼻轮在缩回时会与这些管线发生摩擦。好在处于生产线上的新飞机已经重新布置了这些管线的位置。

8. 燃油回流管不良。有两次，燃油回流管在与阀门连接的地方发生断裂，结果是所有多余的燃油都流入了发动机舱。目前这条油管已经被一根位于发动机舱内柔性管道所取代。

9. 橡胶密封件不佳。管线连接处使用的橡胶密封件不可靠，必须经常更换，否则就会出现泄漏。特别是与弹射座椅系统相关的液压泵和油管的连接件。在更换过程中，一旦发现橡胶密封件完全损坏，则需要换用金属或纤维密封件。

10. 排气管消焰器的问题。第一大队表示，到目前为止，除了开孔隔板安装有些不良，新的排气管消焰器在飞行中没有遇到任何问题。

11. 不安全的连接部件（couplings）。技术官豪斯多夫（Hausdorf）中尉担心在飞行中连接部件可能会遇到问题，因此呼吁在执行飞行任务前对其进行充分检查。

12. 热水采暖系统不可靠。维也纳的测试部队也经常抱怨这一问题。这一问题的根源是供给热水的阀门行程太长，因此当杠杆处于完全偏转时，力量不足以将阀门保持在所需位置。由于温度的影响，阀门也会堵塞。建议重新调整弹簧的张力，或者用两根铜索在每个方向上拉动杠杆。

13. 拆除装甲防护罩。豪斯多夫中尉建议，根据所有飞行员的意见，可以拆除装甲玻璃前面的折叠式装甲防护罩。

在与驻扎在代伦的第二大队进行交流的时候。其技术军官向我们展示了现有的 MG 81 Z 武器系统（在 Ju 88 夜间战斗机上使用），前者建议在 He 219 的机腹也安装类似的武器系统。

## 1944 年 6 月 2 日至 3 日

在为诺曼底登陆进行准备的时候，轰炸机司令部于 1944 年 6 月 2 日至 3 日的夜晚向法国的战术目标派遣了近 500 架重型轰炸机，分属几个独立的编队。不过，在这个夜晚，前者没有派遣重型轰炸机冒险进入德国，因为每年这个时候的夜空都不会完全黑暗，几乎都是满月状态，直到黎明前一个小时月亮才会落下，因此英军几乎无法对德国的纵深进行渗透突击。

然而，这种自然条件并没有阻止英军派遣 23 架轻型夜间打击部队的蚊式战机前往科隆北部的勒沃库森。这一夜，英军在欧洲大陆上支持抵抗活动的行动也很活跃，有 36 架飞机被派往欧洲上空空投物资。

当夜，德军夜间战斗机机组摧毁了 18 架重型轰炸机，其中有 16 架在法国上空被第 4 夜间战斗机联队和第 5 夜间战斗机联队（均没有装备 He 219）击落。然而，还有 2 架轰炸机是在几百公里外的北方被 He 219 所击落的。23 时 56 分，来自第 1 夜间战斗机联队第 3 中队的瓦尔德-维尔纳 · 希特勒少尉在沙尔斯/德利斯勒本（Schalsce/Dlisleben）上空 7400 米处击落了一架解放者轰炸机。他的受害者是一架已经受伤的 B-24H（序列号为 42-94793），该机来自美国第 489 轰炸机大队，在下午飞临法国上空。当时，这架严重受伤的 B-24H 正挣扎着飞回英国，不过机组人员已及时跳伞逃生。在跳伞之前，飞行员将飞机调到向东航向，并启动了自动驾驶仪，因为他预计飞机会坠入北海。然而，这架 B-24 轰炸机却仍在飞行中，并在 11 点前抵达了荷兰和比利时在马斯特里赫特北部的边界。希特勒的无线电员弗里德海姆 · 怀尔德施利泽（Friedhelm Wildschlitze）中士捕捉到了这架无人驾驶的飞机，并引导希特勒在荷兰海岸线附近击落了它。

零点 36 分。海因茨 · 施特吕宁中尉驾驶一架 He 219 在海峡 1200 米的高空击落了一架"兰开斯特"或"哈利法克斯"，这是他驾驶 He 219 所取得的第 7 个战果，也是他本人的第 48 个战果。他的受害者实际是第 138（特殊任务）中队的"哈利法克斯"（LL307，"J"），当时它正在执行 SOE（英国特别行动局）任务，该机在贝亨奥普佐姆（Bergen op Zoom）以西约 22 公里的斯塔弗尼瑟坠毁，10 名机组人员中有 9 人丧生。

施特吕宁和希特勒是当晚参加战斗的 5 个 He 219 机组之一。但是，他们的具体部署情况已经无从得知了。这些 He 219 不太可能是为了回应英军对法国的入侵而升空迎战的。更可能的是，他们是在"希姆贝尔"雷达的指挥下执行"猎蚊"任务，以遏制英军对勒沃库森的袭击。

## 1944 年 6 月 3 日至 6 日

总部设在芬洛的亨克尔战地技术服务单位（TAD）与第 1 夜间战斗机联队第一大队紧密合作，因为该大队已经积累了丰富的实战经验。He 219 的每日报告由技术发展主任编写，并送交亨克尔教授和技术主任卡尔 · 弗兰克。1944 年 6 月 3 日至 6 日的报告显示，第 1 夜间战斗机联队第一大队有 37 架 He 219，其状况如表格所示。

| 飞机情况 | 6 月 3 日 | 6 月 4 日 | 6 月 5 日至 6 日 |
|---|---|---|---|
| 处于"战斗状态" | 18 | 17 | 15 |
| 发动机维护状态 | 1 | 5 | 4 |
| 可飞行状态 | 6 | 3 | 2 |
| 安装"斜乐曲"武器系统状态 | 1 | 1 | 1 |
| 维修状态 | 6 | 6 | 6 |
| 交付/移交部队 | 1 | 1 | 1 |
| 失联 | — | — | 5 |
| 被派往丹麦分遣队 | 4 | 4 | 4 |

## 1944 年 6 月 3 日至 4 日

1944 年 6 月 3 日至 4 日晚上，第 1 夜间战斗机联队第一大队损失了一架 He 219。海因茨·艾克（Heinz Eicke）上尉和海因茨·盖尔（Heinz Gall）军士长的座机于凌晨 3 时 45 分，即黎明前几分钟在谢尔德河口上空被击落。他们的 He 219（G9+BL，工厂编号 190188）在威廉米纳多普（Wilhelminadorp）以北 400 米坠落，左引擎起火，无法控制。艾克启动弹射座椅，成功打开降落伞并安全着陆。然而，无线电员盖尔就没那么幸运了，他的尸体在距离飞机残骸 500 米的地方被发现——他的降落伞没有打开。

被击落的时候，艾克和盖尔正在进行目标模拟演习（Zieldarslellung）。德军战史记载 He 219 是被一架不明敌机的击落的，实际上它是被一架蚊式夜间战斗机（Mk XVII 型，HK248）击落的，由第 219 中队的德斯蒙德·图尔（Desmond Tull）驾驶。第 219 中队的作战报告如下：

> "B" 小队的图尔和他的领航员考吉尔击毁了一架正在飞行的敌机。在飞行员、情报人员和其他人员的共同努力下，这架飞机被确认为一架亨克尔 219，这真是最佳战果！这或许是我们第一次击落这种型号的敌机！

当晚，第 1 夜间战斗机联队第一大队派出 6 个 He 219 机组升空作战，艾克和盖尔就是其中之一。当时，轻型夜间打击部队派出 20 架蚊式战机飞往路德维希港，上述 He 219 的主要任务就是对其展开拦截。也是在这天晚上，第 1 夜间战斗机联队第二大队的一架 He 219 在代伦硬着陆时受损。来自第二大队第 4 中队的海因茨·菲利浦齐格（Heinz Filipzig）中士在着陆时，飞机的前起落架突然折断，机头与地面发生摩擦。菲利浦齐格在事故中受伤，他的座机（WNr. 190105）受损程度为 25%。

## 1944 年 6 月 5 日至 6 日

在诺曼底登陆前的几个小时里，盟军在法国上空的空中行动非常频繁。与此同时，几乎所有德国的雷达和无线电通信都被盟军的对抗措施干扰，其中包括 24 架搭载 "机载雪茄"（ABC）装备的 "兰开斯特"（来自第 101 中队），它们不断在德军夜间战斗机机场附近巡逻。此外，英军还出动了 34 架电子干扰飞机，并派出 52 架蚊式战机对德军机场展开攻击。大部分战斗发生在法国和英吉利海峡上空，而在更远的北部，一支由 31 架轻型夜间打击部队的蚊式所组成的空中编队向奥斯纳布里克进发。德军的防御被这次规模巨大的攻势所击垮，结果是轰炸机司令部的损失非常轻微，在 1200 多架轰炸机中只损失了 8 架飞机，损失率 "不到 0.7%"。

第 1 夜间战斗机联队第一大队在这个夜晚出动了 9 架 He 219 战斗机。大部分可能是为了应对敌军针对奥斯纳布里克的空袭以及受到前者电子欺骗的误导而紧急起飞的。结果有好有坏：一架入侵的蚊式被击落，但德军也损失了一架 He 219。凌晨 2 时 30 分，海因茨·施特吕宁在多德雷赫特东南偏东约 20 公里的杜森（Dussen）上空 1200 米处击落一架蚊式战机，这是他第一次击落蚊式战机，也是他第 8 次驾驶 He 219 击落敌机。被击落的蚊式来自第 515 中队，为蚊式 FB MK. VI 型，飞行员为肖中尉（飞行员）和史坦利-史密斯中士（领航员/雷达操作员）。当晚失事的 He 219 来自第 2 中队，工厂编号为 190123，机组人员有飞行员威利·拜尔中士和无线电员霍斯特·沃尔特。关于这次行动，我们一无所知，只知道两人在成功弹射出飞机后毫发无损地活了下来。然而，十天后的晚上，他们就没那么幸运了，两人都在不明情况下丧生。

另一架来自第 2 中队的 He 219 于当晚早些时候在丹麦上空失踪——当时这架工厂编号为 190177（G9+IK）的 He219 实际上在凌晨 1 点前坠毁。当晚，恩斯特·毛布（Ernst Maub）中尉和冈瑟·克劳斯中士从格罗夫起飞，进行一次训练飞行，可能是一次夜间目标模拟演习。飞行后不久，毛布注意到转速指示器显示左发动机和节流制动系统存在问题。不久之后，他听到一声巨响，发动机突然起火。毛布叫他的无线电员克劳斯中士赶紧启动弹射座椅并打开座舱盖。随后，毛布再一次命令克劳斯跳伞，然后他自己也跳伞了。毛布的降落伞很快展开，他降落在伊卡斯特南部的丰内斯巴卡加德农场以西。一位年轻的丹麦人卡洛·达姆加德（Carlo Damgard）亲眼目睹了这次空降，他带着毛布去伊卡斯特治疗受伤的脚。这架 He 219 于零点 59 分在赫明以东 8 公里处坠毁。1944 年 6 月 9 日，仍在这架飞机上的克劳斯被安葬在埃斯比约的一座公墓。

## 1944 年 6 月 10 日至 11 日

6 月 10 日至 11 日夜间，He 219 机组人员击落了另外两架蚊式，这两架蚊式都隶属于轻型夜间打击部队，该部队的任务是在 1 时 30 分至 1 时 39 分之间轰炸柏林。零点 55 分。约瑟夫·纳布里希在米尔斯特（Milnster）北部击落了一架蚊式，这也是他驾驶 He 219 所取得的第 6 次胜利。当时，这架来自第 692 中队的蚊式（DZ608）正在前往德国首都的路上，飞行至奥斯纳布吕克附近，其飞行高度为 7500 米。这架蚊式的飞行员——查特菲尔德和麦克唐纳均幸存下来，被关押为战俘。纳布里希的无线电员弗里茨·"皮特"·哈比特技术军士后来回忆说：

经过多次催促，我和飞行员约瑟夫·纳布里希——后来的第 3 中队的指挥官——终于收到了一架改装型的 He 219，它拆除了装甲和四门机炮（机腹武器舱），专门用来追击敌人的蚊式战机。除了常规行动外，1944 年 4 月和 5 月，我们从荷兰的芬洛起飞，执行了大约 20 次"猎蚊"行动，但都没有取得成功。我们的努力只换来了己方高射炮火的误击和高空病，事实上，我们只与敌军的蚊式远程夜间战斗机发生了几次不确定的交火。6 月 10 日傍晚，我们在须德海上空 9800 米（32150 英尺）的区域盘旋。很快，我的 SN-2 雷达在 6 公里的距离上清晰地发现了敌机。敌人飞得很快，尽管高度有所下降，但我们直到进入奥斯纳布吕克（Osnabrück）地区上空才接近它。我们的子弹很快击中了它，在短暂的爆炸声后，它的左舷发动机开始起火。随后，这架蚊式战机开始绕圈飞行，慢慢地降低高度。几分钟后，当我们正准备再给它来一发的时候，它突然爆炸了，同时爆炸的还有它携带的空投水雷。巨大的冲击波让我们的飞机像断了线的风筝一样飘落，但在到达云层之前，我的飞行员成功将飞机扶正。此时，我们只发现了大面积散落的蚊式战机碎片。正如英国机组人员后来报告的那样，在我们发动攻击后，他们启动自动驾驶系统并双双跳伞。他们以为自己是一种新武器（空投水雷）的受害者，而不是一架夜间战斗机的猎物。

当晚德军击落的第二架蚊式是由恩斯特-威廉·莫德罗认领的，两天前，他刚刚从第 1 夜间战斗机联队第 2 中队调到第 1 中队，并担任第 1 中队的指挥官。莫德罗的老搭档，埃里希·施耐德三等兵也随他调到了第 1 中队。两人于当晚零点 13 分驾驶 He 219（G9+AK）从芬洛起飞。大约 90 分钟后，他们在荷兰上空 6000 米（19700 英尺）的高空拦截了一架正飞回英国的蚊式。2 时 50 分，莫德罗在卑尔根/阿尔克马尔地区击落了这架敌机，从而取得了他的第 18 次空战胜利。他的受害者是来自第 571 中队的蚊式 B Mk. XVI 型（MMl25，"M"），它在荷兰海岸附近坠毁，飞行员当场牺牲。对莫德罗和施耐德来说，这是他们的"猎蚊之旅"第一次取得成功，他们在凌晨 3 时 26 分抵达芬洛机场，结束了作战行动。

在萨尔茨韦德尔以西，在我的引导下，飞行员看到了敌机。我们只用两发炮弹便令敌机垂直下落。焦急地等待了大约一分钟后，云层下面传来巨大的爆炸声，证实了敌机已经坠毁的消息。由于我们的右舷发动机突然失去动力，我们只能前往佩勒堡着陆。后来，我们收到了德国

弗里茨·"皮特"·哈比特技术军士。

空军参谋长发来的贺电。不过，随着战争的发展，我们逐渐放弃了利用改装的 He 219 来追击蚊式的特殊任务。

## 1944 年 6 月 11 日至 12 日

1944 年 6 月 11 日至 12 日夜间，第 1 夜间战斗机联队第一大队的 He 219 延续了他们持续猎杀蚊式战机的好势头，当晚，纳布里希击落了一架这种难以琢磨的木制战机。24 小时前，纳布里希才刚刚拿到第一架蚊式战果。这次，他在飞行了近 400 公里后，于凌晨 11 时 13 分在柏林西北偏西 160 公里处的萨尔茨韦德尔（Salzwedel）附近将一架蚊式战机击落。哈比特技术军士对这次战斗也有回忆：

6 月 11 日至 12 日，在我们的"猎蚊之旅"结束不到 24 小时后，我们又一次对一些空袭柏林的蚊式战机展开了拦截。这次我们耗费了更多时间来接近一架在 9700 米（31800 英尺）高空飞行的敌机，因为我们的 He 219 在高空缺乏优势。

当夜皇家空军损失的蚊式来自第 139 中队（DZ609），是当晚轻型夜间打击部队派往柏林的 33 架蚊式中的一架。巧合的是，其编号与纳布里希前一晚上击落的蚊式（DZ608）正好挨着。

## 1944 年 6 月 12 日

6 月 12 日，第十夜间战斗机大队第 2 中队的一架 He 219（工厂编号 190057）在一次事故中严重受损。这次事故的具体情况尚不清楚。这架飞机很可能是为了拦截那些对柏林发动空袭的英军战机而出动的，在降落时遭到损毁。从此，这架 He 219 就失去了记录，应该是没有恢复使用。

## 1944 年 6 月 12 日至 13 日

1944 年 6 月 12 日至 13 日夜间，轰炸机司

令部积极地参加了针对第三帝国燃料生产体系的攻势，当夜，有 286 架"兰开斯特"和 17 架蚊式被派往鲁尔区。目标是位于盖尔森基兴的"北极星"合成汽油工厂，该工厂在突袭中受到严重破坏，其生产停顿了数周，相当于每天损失1000 吨航空燃油。轰炸机司令部损失最大的是17 架轰炸机及其机组人员。这些损失大多发生在轰炸结束后，当时这些飞机正处在返航的第一段航程中，正接近荷兰边境。第 1 夜间战斗机第一大队的 He 219 机组在 1 时 27 分至 1 时 46 分的 20 分钟内连续击落了 4 架英军轰炸机。然而，只有一架能与英军的损失记录相匹配，即便是这架，战果也是有争议的，德军高射炮部队似乎也认领了这个战果。莫德罗上尉驾驶一架 He 219（G9+AH）于零点 34 分从芬洛起飞，并取得了三个战果，他的第一个战果是 1 时 27 分在杜伊斯堡上空取得的，当时他在 2800 米（9200 英尺）的高空击落了一架兰开斯特轰炸机。4 分钟后，他在杜伊斯堡西北 2500 米（8200英尺）处又击落了一架"兰开斯特"——他的受害者来自第 115 中队（HK 545），但也很有可能是被高射炮部队所击落的。6 时 46 分，他在克雷菲尔德附近 1800 米（5900 英尺）的地方击落了第三架"兰开斯特"。当晚，最后一架在 He 219 枪口下坠毁的兰开斯特是由第 1 夜间战斗机联队第 3 中队的瓦尔德-维尔纳·希特勒少尉击落的。1 时 30 分，他在代伦附近 2500 米（8200 英尺）高空击落了一架"兰开斯特"，这是他驾驶He 219 所取得的第三个击坠记录。

## 1944 年 6 月 16 日至 17 日

轰炸机司令部当晚的目标之一是位于鲁尔区中心的斯特克雷德/霍尔滕（Sterkrade/Holten）合成汽油工厂。英军派出重型轰炸机和少量蚊式战机分两批在凌晨 1 时 20 分至 1 时 40 分之间前往目标上空执行轰炸任务。然而，对于轰炸机司令部来说，这次空袭行动可谓是徒劳无功且代价高昂：目标被厚厚的云层所笼罩，实际落在目标区域的炸弹寥寥无几。德国合成汽油的产量仅略有下降，而轰炸机司令部付出的代价是损失了 31 架重型轰炸机（占总数的 10%）及其机组成员，还有几架重轰在战斗中受损，勉强返回基地。高损失率的部分原因是轰炸机编队飞越了布霍尔特（Bucholt），而此地靠近德国夜间战斗机基地——夜间战斗机部队指挥层早已经在这里集结了大量夜间战斗机。

23 时 19 分至凌晨零点 24 分，第 1 夜间战斗机联队第一大队的 14 架 He 219 机战斗机从芬洛起飞升空，其中 4 架在荷兰海岸附近的"天床"防区内巡逻，3 架作为"家猪"在地面雷达的引导下执行拦截任务，另外 7 架也作为"家猪"进行自由狩猎。许多轰炸机在抵达德国边境之前在荷兰上空时候就被击落，第一批坠落的 8 架重轰中有 7 架被第 1 夜间战斗机联队第一大队的 He 219 机组认领。其中，第 1 夜间战斗机联队第 1 中队的雨果·奥珀曼（Hugo Oppermann）中士驾驶一架 He 219 于 6000 米（19700 英尺）的高度，在荷兰海岸附近首开纪录，于零点 53 分击落了一架"哈利法克斯"。这架"哈利法克斯"（LW433，"W"）来自第 434 中队，在吕克芬/尼德海德地区坠毁，这也是奥珀曼驾驶 He 219 所取得的唯一一次空战胜利。

随后，莫洛克军士长和施特吕宁中尉分别取得了两个战果。除此之外，巴克中尉和纳布里希中尉也分别取得了一个战果。其中，巴克中尉驾驶 He 219 取得了他的第七次空战胜利（总战果超过 30 架），他击落的是一架来自第 77

中队的"哈利法克斯"（MZ698，"J"），该机在埃因霍温以北 12 公里的圣奥德罗德坠毁，5 名机组人员丧生。

接下来，来自第 1 夜间战斗机联队第二大队的 He 219 击落了两架英军轰炸机。凌晨 1 点，该大队派出 15 架 He 219 从代伦起飞，担任"家猪"执行自由狩猎任务。其中，来自第 6 中队的约翰内斯·黑格中尉拿下了两架"哈利法克斯"，1 时 17 分，他首开纪录，1 时 40 分，他梅开二度。不过，黑格声称自己于凌晨 2 点又击落了一架英军重轰，这一战果最终没有得到德国空军承认：当时，黑格从仅有 70 米远的地方向英军轰炸机发射了一长串炮弹后，轰炸机坠入了云层。然而，地面人员并没有观察到坠机，因此这一战果没有得到证实。

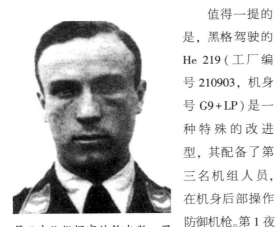

第 6 中队指挥官约翰内斯·黑格，1944 年 6 月 16 日至 17 日夜间，他击落了 2 架"哈利法克斯"，但这也是他驾驶 He 219 所取得的唯二战果。

值得一提的是，黑格驾驶的 He 219（工厂编号 210903，机身号 G9+LP）是一种特殊的改进型，其配备了第三名机组人员，在机身后部操作防御机枪。第 1 夜间战斗机联队第二大队的乘员普遍不喜欢 He 219 的双人乘员布局——他们已经习惯了 Bf 110 G-4 夜间战斗机的三人机组，并且反对任何一项减少机组成员人数的做法。第 1 夜间战斗机联队第 8 中队的指挥官迪特·施密特（Dieter Schmidt）中尉曾对此进行过评论："……飞行员，尤其是无线电员，很容易被这些仪器的亮光弄得看不清楚东西（不管其亮度有多低），于是又增加了第三名机组成员，他的任务虽然被官方称为机枪手，但主要任务仍是搜寻敌机。"此外，对黑格的 He 219 型战斗机所进行的战地改装还包括在腹部后舱门内安装一个有机玻璃透明面板，但到目前为止，安装后射机枪显然是不切实际的。

凌晨 1 时 45 分后不久，第 1 夜间战斗机联队第一大队的机组人员在荷兰/德国边境附近的克莱沃（Kleve）地区又击落了两架重型轰炸机。1 时 46 分，第 2 中队的格特·谢弗-苏伦（Gert Schafer-Suren）少校击落了一架哈利法克斯轰炸机，这是他的首次取得空战胜利。3 分钟后，纳布里希中尉又击落一架"哈利法克斯"，这是他当晚击落的第二架敌机。最后一架倒在 He 219 枪口下的敌机是由第 1 夜间战斗联队第一大队的指挥官保罗·福斯特击落的。2 时 20 分，他在阿姆斯特丹以西约 100 公里处的 4300 米高度击落了一架"哈利法克斯"。这将是福斯特在战争中取得的最后一次空战胜利。

当晚，He 219 机组总共摧毁了 12 架四引擎轰炸机。但是，如果 He 219 的最佳战绩机组——莫德罗和施耐德没有被迫提前返回基地的话，德军的战绩可能会更高。两人的座机—— He 219（G9+AH）再次出现技术问题（两天前的晚上他们曾因此被迫提前返回基地）。起飞 17 分钟后，他们于零点 50 分返回芬洛。34 分钟后，他们再次起飞，这次是驾驶另一架 He 219（G9+CH），但未能与敌机发生接触，于是两人于 3 时 02 分返回芬洛。

这天晚上被巴克击落的"哈利法克斯"还有一个令人心酸的故事。一名幸存的机组成员，杰克·诺特中尉（英国皇家空军），设法躲过了追捕，被荷兰地下组织收留。后来，他与一名加拿大飞行员和另一名英国飞行员一起被转移到了蒂尔堡的一个安全屋。然而，忠于占领军的荷兰警察得到消息后突袭了该安全屋。三名飞行员被带到后院枪杀，尸体至今下落不明。安全屋的女主人、60 岁的"科巴"·普尔斯肯斯（Coba Pulskens）也死于集中营。战后，这起谋杀案的责任人被荷兰人告发并被处以绞刑。

## 1944 年 6 月 21 日至 22 日

1944 年 6 月 21 日至 22 日夜间，轰炸机司令部经历了战争中最糟糕的一个夜晚，在对科隆附近韦塞林的合成燃料工厂发动的空袭中，总共 133 架重型轰炸机中有整整 37 架"兰开斯特"未能返航。近 28% 的损失率使 1944 年 3 月底那次灾难性的纽伦堡空袭行动都相形见绌了。祸不单行，当晚，在对鲁尔区所发动的一次类似规模的空袭中，英军又损失了 8 架"兰开斯特"，这次空袭的目标是肖尔文-布尔（Scholven-Buer）的合成燃料工厂。当晚，轰炸机司令部总共出动了 256 架兰开斯特轰炸机，损失 45 架。几乎可以肯定的是，损失如此惨重的原因是第 100 大队的两架电子干扰飞机被率先击落。凌晨 1 点 17 分，在对韦塞林的轰炸开始前 20 多分钟，皇家空军第 214 中队的一架 B-17 轰炸机（SR381）遭到德军一架夜间战斗机的攻击，实际上已经丧失了战斗力。3 分钟后，第 1 夜间战斗机联队第 7 中队的沃纳·卡斯曼（Werner Kasman）候补军官驾驶 Bf 110 G-4 击落了第 214 中队的 B-17（SR382）。这两架 B-17 的主要作战任务是进行通信干扰，破坏德军地面夜间战斗机指挥人员与夜间战斗机之间的通信。由于这两架电子干扰机过早退出战场，德国夜间战斗机的指挥人员获得了一个千载难逢的机会来扭转战局。

对于英国人的入侵，德国夜间战斗机部队做出了迄今为止最强有力的反应，总共派出了 160 多架双引擎夜间战斗机。其中，第 1 夜间战斗机联队第一大队的 He 219 倾巢出动，驻代伦的第二大队也至少派出了一架 He 219。对于第一大队的 He 219 机组来说，这将是他们在战争中最成功的一个夜晚，其中 5 个机组共宣称获得 14 个击坠记录。莫德罗上尉、施特吕宁上尉、巴克中尉、纳布里希中尉和莫洛克军士长都有不止一个战果入账。

凌晨 1 时 12 分，莫德罗和施耐德机组在乌得勒支东南方 2500 米（8200 英尺）处击落了一架"兰开斯特"，从而取得了当晚 He 219 战斗机的首次胜利。他们的受害者来自第 106 中队（LM570，"Z"），是对肖尔文-布尔展开空袭的英军轰炸机编队中的一架，它最终坠毁在罗苏姆（Rossum，斯海尔托亨博斯以北 10 公里处），机上 8 名机组人员全部遇难。奇怪的是，这是 He 219 战斗机在当晚所取得的唯一一个能跟英军损失对应上的战果，其他某些战果只能说是"疑似"对应，与英军损失完全对应不上。莫德罗和施奈德于零点 43 分驾驶 He 219（G9+AH）从芬洛起飞，在乌得勒支（Utrecht）附近的"科里拉（Corilla）"雷达站的指挥下，取得了头两个战果，1 时 24 分，两人取得了第二次空战胜利。紧接着，他们又脱离地面雷达的指挥，作为"家猪"开始展开自由狩猎。凌晨 1 时 39 分，他们在杜伊斯堡西北偏北 5200 米（17050 英尺）处击落了第三架"兰开斯特"，并于 2 时 20 分在代伦上空 3000 米（9850 英尺）处击落了第 4 架。在 1 时 18 分和 2 时 15 分，莫德罗座机上的 SN-2 雷达还探测到了敌机，但未能与敌机发生进一步接触。莫德罗和施耐德于 2 时 46 分结束任务，随后在基地着陆。

施特吕宁上尉和他的无线电员弗里茨-康拉德·阿佩尔（Fritz-Konrad Apel）击落了 3 架兰开斯特轰炸机，其中第一架是于凌晨 1 时 13 分在芬洛上空击落的（高度 5400 米处），第二架于 1 时 39 分在科隆以西（海拔 4500 米处）击落。凌晨 2 时 30 分，他们在"天床"系统的网格内巡逻时，在荷兰海岸南部取得了最后一架战绩。此外，当晚 1 时 17 分，在马斯特里赫特北部，他们还声称击落了一架"疑似 B-17"，当时这架飞机在火焰中坠毁。几乎可以肯定的是，这架 B-17 来自第 100 大队（SR381）第 214 中队——它在袭击中严重受损，但仍设法勉强飞回了英国，不过在萨福克郡的伍德布里奇皇家空军基地着陆时坠毁。

纳布里希和他的无线电员弗里茨·哈比希特（Fritz Habieht）技术军士在斯特赖贝克/布雷达（Strijbeek/ Breda）附近巡逻时，遭遇了英军轰炸机编队。弗里茨·哈比希特声称击落了两架兰开斯特轰炸机——分别在凌晨 1 时 16 分（5600 米处）和 1 时 59 分（2800 米处）。同样，维尔纳·巴克和他的无线电员罗尔夫·贝塔克中士分别在凌晨 1 时 22 分和 1 时 46 分在亚琛以西 5300 米（17400 英尺）处击落了两架兰开斯特轰炸机。另外，威廉·"威利"·莫洛克军士长和他的无线电员佐伊卡技术军士分别于凌晨 1 时 35 分（5400 米处）和 2 时 09 分（2200 米处）击落了两架"兰开斯特"，有趣的是，当时两人并没有对英军轰炸机展开拦截，而是正作为"家猪"进行一次"猎蚊"行动，却收到了"意外之喜"。

作为取得 14 场空战胜利的代价，第 1 夜间战斗机联队第一大队仅有一架 He 219 严重受损。这架战机（工厂编号 190129，机身号 G9+AB）在芬洛迫降时损坏（70%）。它的主人是第 2 中队

的格特·谢弗-苏伦少校。他驾驶的 He 219 在凌晨 2 时 10 分时的空战中严重受伤，被迫进行腹部着陆。190129 号 He 219 后来被送到埃格尔，在那里它可能被用作零件来源。

在这个夜晚，第 6 中队的中队长约翰内斯·黑格失去了一位战友。5 天前，他刚刚驾驶 He 219 取得了首次空战胜利。黑格的座机在沙伊德河口上空与一架返航的英军轰炸机遭遇并爆发了激战，无线电员休伯特·冯·卑尔根（Hubert von Bergen）当场丧生，据记载，一颗子弹直接穿过了他的心脏。在这次行动中受伤的还有黑格的机枪手罗伯特·科尔施根（Robert Korschgen）技术军士。在卑尔根彻底陷入沉默后，黑格带着受伤的科尔施根飞回了基地，最终，凌晨 3 时 15 分，他成功地将他那架严重受损的 He 219（工厂编号 210903，机身号 G9+LP）安全降落在了埃因霍温的一座军用机场。1945 年 7 月，黑格的座机以 FE-612 为编号被运抵美国。

## 1944 年 7 月

1944 年 7 月，轰炸机司令部的行动主要集中在空袭德国合成燃料生产工厂、V-1 导弹基地和对法国盟军地面部队进行近距离支援上。法国和比利时的铁路基础设施也在空袭优先目标名单上名列前茅。在 7 月的 27 天时间内，英军的四引擎重型轰炸机主要在白天对上述目标展开空袭。然而到了晚上，情况就大不一样了，英军重轰只花了 6 个晚上空袭德国境内的目标，分别是：鲁尔地区（18 日—19 日，20 日—21 日和 25 日—26 日），科隆附近的威塞林（18 日—19 日），基尔（23 日—24 日），斯图加特（24 日—25 日，25 日—26 日和 28 日—29 日）和汉

堡（28 日—29 日）。在这六个晚上的 3340 架次飞行中，英军损失了 131 架重型轰炸机，损失率为 3.9%。7 月 20 日至 21 日的夜晚，轰炸机司令部又遭受了沉重打击，近 1% 的攻击部队未能返回基地。与四发重型轰炸机部队不同，轰炸机司令部的蚊式战机在 7 月的几乎每个夜晚都活跃在德国上空，它们对柏林、汉堡、法兰克福、汉诺威、不来梅、亚琛、萨尔布里尔肯和斯图加特都发动了袭击。

在 7 月损失的 131 架重型轰炸机中，有 6 架"兰开斯特"被 He 219 机组认领。其中有 5 架可以与英军损失记录相印证，而第 6 个战果未能得到证实。然而，在 7 月，第一架被 He 219 摧毁的盟军轰炸机并非来自英军，而是美军的 B-17。7 月 5 日至 6 日晚，这架美军轰炸机在鹿特丹机场附近被击落，当时这架飞机正在执行一次散发传单的任务。同样是在 7 月，两架难以琢磨的蚊式战机栽到了一架 He 219 的手里，但这将是 He 219 击落的最后一批蚊式。在战争的最后几个月里，形势迅速逆转，蚊式成了猎人，而"雕鸮"成了猎物。

7 月，盟军对德国的燃料/汽油生产工厂进行持续轰炸的效果开始显现出来。1944 年 4 月底，德国航空燃料的产量约为每天 6000 吨，到 7 月底，产量暴跌至每天 120 吨到 970 吨之间，这是美国陆军航空军和英国皇家空军轰炸机司令部几乎每天 24 小时轰炸德国燃料生产工厂的直接结果。

在德国领土上空的夜间空战中，英国在雷达和电子技术方面继续取得进步。1944 年 6 月，英国人引入了"轴棒"（Mandrel）——一种无线电干扰设备，它可以有效干扰德国的地面远程雷达。"轴棒"通常由轰炸机司令部第 100 大队下辖的经过特殊改装的电子战飞机携带，它可以形成一个屏幕，阻止德军雷达发现轰炸机编队，随后，飞机可以隐蔽地飞越北海，从容踏上前往欧洲大陆的道路，从而剥夺了德军夜间战斗部队宝贵的拦截时间。实战证明，"轴棒"非常有效，在战争的最后一段时间里，英军一直在使用这种设备。

截至 7 月 1 日，He 219 的数量为：第 1 夜间战斗机联队第一大队（21 架）；第 1 夜间战斗机联队训练中队（2 架）；驻扎在菲诺（Finow）和韦梅亨的第十夜间战斗机大队第 2 中队（10 架）。7 月 1 日，驻扎在代伦的第 1 夜间战斗机联队队部和第二大队拥有 6 架 He 219，但到了 7 月 11 日，这些飞机已被转移到芬洛的第 1 夜间战斗机联队第一大队。

## 1944 年 7 月 5 日至 6 日

当夜，满月大约在晚上 20 时 20 分出现，西欧绝大部分地区天气晴朗，几乎没有云，轰炸机司令部派出的重型轰炸机被限制在攻击法国的战术目标上面。然而，这样的条件并没有阻止 35 架蚊式攻击肖尔文-布尔的合成燃料工厂。7 架第 1 夜间战斗机联队第一大队的 He 219 也在当晚起飞，但目前尚不清楚它们是由合成燃料工厂的防空部队指挥，还是为了针对皇家空军第 100 大队的电子干扰行动而出击的。然而，唯一一架倒在 He 219 炮口下的敌机是一架在鹿特丹上空执行空投传单任务的美军 B-17 轰炸机。当时，第 1 夜间战斗机联队第 2 中队的约瑟夫·斯特罗莱因军士长和他的无线电员汉斯·库恩（Hans Keune）中士正在一个"天床"系统的防区内（就在鹿特丹以西）巡逻，与一架飞行高度为 8000 米（2600 英尺）的"四发重轰"发生了接触。这架被击落的 B-17G 轰炸机编号为 42-

39811，于凌晨 1 时 42 分在奥弗希坠毁，10 名机组人员中有 9 人幸存，并成为战俘。其中投弹手罗杰·基德韦尔（Roger Keedwell）少尉因降落伞未能正常展开而丧生。然而，当晚的空战绝不是一边倒的——约瑟夫·斯特罗莱因的座机（工厂编号为 211117 的 He 219 战斗机）也因为遭到这架 B-17 的猛烈还击导致两台发动机失灵而从高空坠落。斯特罗莱因和库恩被迫从战损的飞机上跳伞，安全降落，并于第二天与部队会合。

## 1944 年 7 月 6 日

截至 1944 年 7 月 6 日，第 1 夜间战斗机联队第一大队拥有 25 架 He 219，其中 17 架可以使用。8 架无法使用的 He 219 被归类为以下原因：

有两架 He 219 需要更换发动机；

三架 He 219 需要进行大修；

三架 He 219 必须对机身的第 17 号隔框进行加固。

17 号隔框位于机身的中央和后部油箱之间，为后翼撑杆提供连接点。据认为，对该框架进行加固是为了提高对机翼动态力的抵抗力/刚度。

同样在 7 月 6 日，四架受损的 He 219（工厂编号 190065，190104，190129 和 190211）被迫返厂进行修理，或在适当的情况下被拆解并用作修理其他飞机的零件来源。另外，He 219（工厂编号 120129）于 6 月 21 日至 22 日在芬洛迫降时遭受了 70% 的损坏。其他飞机几乎可以肯定也遭受了类似程度的损坏，但更多细节尚不清楚。至于其他 He 219，没有发现任何文件表明它们已经退役，但在战争结束后，盟军在莱希菲尔

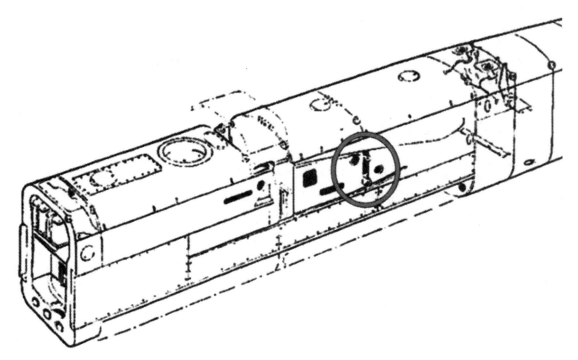

He 219 机身的左舷。后翼翼梁的连接点（圈内）是 17 号隔框的一部分。

德发现了一架尾部标识为"104"的 He 219。该标记以及早期发动机进气口等其他特征结合起来，使人毫不怀疑该机的编号为 190104。

疑似 190104 号机的照片。

## 1944 年 7 月 18 日至 19 日

7 月 18 日至 19 日的无月之夜，轰炸机司令部出动了近 1000 架飞机，对北欧的多个目标进行轰炸，德军夜间战斗机部队遭受了严峻考验。当晚，英军蚊式战机前往柏林和科隆发动空袭，而法国的铁路枢纽和 V-1 导弹发射场则成为四引擎重型轰炸机的目标。但是，对德国战争机器最具破坏性的也许是对高度工业化的鲁尔区韦塞林（科隆附近）和肖尔文-布尔的合成汽油/燃料生产设施所进行的空袭。德国夜间战斗机部队集中兵力应对英军对法国的入侵，而第 1

夜间战斗机联队的 He 219 战斗机则被派去追击飞往柏林的 22 架蚊式战机。这场追击战取得了些许成效：有一架蚊式被第 1 夜间战斗机联队第 3 中队的指挥官、骑士十字勋章获得者海因茨·施特吕宁上尉击落。凌晨 1 时 55 分，他在柏林以西约 50 公里处的 9000 米高度拦截了这架"木制奇迹"，并取得了胜利。不过，第十夜间战斗机大队第 1 中队的维特曼（Wittmann）中士（驾驶一架单引擎战斗机）也声称于 1 时 58 分声称在同一地区击落了一架蚊式。德国空军接受并确认了这两个宣称战果，实际上轰炸机司令部在这次空袭中只损失了一架蚊式。如果施特吕宁的说法准确，这将成为他的第 56 个被证实的战果。当晚被击落的蚊式战机——也是最后一架被 He 219 击落的蚊式——隶属于第 571 中队，为 B Mk. XVI 型，编号为 MM136。飞行员多德韦尔（T. E. Dodwell）中士在战斗中阵亡，而他的领航员卡什（G. W. Cash）幸存下来并成为战俘。

## 1944 年 7 月 20 日至 21 日

7 月 20 日—21 日的无月之夜，轰炸机司令部的目标之一是位于梅克贝克（洪堡/杜伊斯堡附近）的莱茵普劳森（Rheinpreussen）合成燃料工厂，该厂在凌晨 1 时 15 分至 1 时 27 分之间遭到 147 架兰开斯特轰炸机和 11 架蚊式战机的空袭。与 7 月 18 日—19 日夜间，英军针对德国汽油生产设施所进行的空袭形成鲜明对比的是，有 20 架兰开斯特轰炸机未能返回基地，其中 1 架落在了 He 219 的炮口下，可谓损失惨重。当晚，莫德罗上尉与埃里希·施耐德三等兵驾驶一架 He 219（G9+AH）于 0 时 25 分从芬洛起飞。在一个"天床"系统巡逻区域内飞行了近 90 分钟后，两人接到指示，飞往西南方去搜寻一个潜在目标。几分钟后，经过目视证实，该目标是一架兰开斯特轰炸机，且飞行高度相对较低，为2000米。在返航途中，这架"兰开斯特"在高空遭遇了强劲的逆风，为了摆脱攻击，该机试图通过迅速降低高度来提高速度。但莫德罗迅速转向敌机，并于1时57分将其击落。两人驾驶He 219于3时51分降落在芬洛。莫德罗的这一战绩得到了德国空军官方承认，作为他的第26次空战胜利，这可能是来自第514中队的"兰开斯特"（HK570）。

## 1944 年 7 月 23 日至 24 日

在7月的前三周，轰炸司令部的轰炸重点是燃料工厂、铁路和V-1导弹发射场。因此，当7月23日至24日夜间，英军对波罗的海港口城市基尔发动大规模空袭时，德军夜间战斗机部队指挥人员有些措手不及。英军对这场突袭进行了精心准备，包括实施无线电对抗措施和佯攻，以对真正的目标进行掩护。由于欺骗手段十分完备，完全达到了出其不意的效果，以至于在参加空袭的600多架重型轰炸机中，只有4架"兰开斯特"未能返航。当夜，英军针对德军U艇船坞和其他海军设施所在的港口地区，轰炸尤为猛烈。对于那些紧急奔赴基尔展开救援并对英军展开拦截的德军部队而言，前者投下的大约500枚延时炸弹的存在使情况变得异常危险。在空袭前几天，第1夜间战斗机联队第一大队的11个He 219机组抵达石勒苏益格执行临时的"猎蚊"任务。尽管他们距离基尔很近（位于南方40公里处），但当晚只有一个He 219机组声称取得了战果——威廉·"威利"·莫洛克军士长于凌晨2时10分在阿姆鲁姆以西60公里的北海上空击落了一架正在返航的兰开斯特轰炸机（可能是第625中队的LM174），这是他的

第9个经过确认的战果。

## 1944 年 7 月 24 日至 25 日

7月24日—25日夜间，第1夜间战斗机联队第一大队的12架He 219奉命从芬洛紧急升空，以应对100多架英军重轰的逼近，德国夜间战斗机部队指挥层认为这些来袭的英军轰炸机即将前往鲁尔区进行空袭。但事实证明，这些前往鲁尔区的轰炸机并不存在，它们是英军"轴棒"制造的干扰而已，目的是使真正的空袭目标毫无防备。对于第1夜间战斗机联队第一大队的He 219机组来说，这是一个艰难的夜晚——大约在零点30分，当飞往鲁尔区的He 219战斗机发现所谓"鲁尔大空袭"只是一次佯攻后，只能无奈地返回基地。一个多小时后，5架He 219再次紧急升空，以拦截攻击"斯图加特"后返航的大批英军轰炸机。这天晚上，德国夜间战斗机部队的混乱有部分要归因于轰炸机司令部首次投入使用的"长窗口"箔条，它可以有效地干扰德国空军夜间战斗机的SN-2雷达。

## 1944 年 7 月 25 日至 26 日

在7月25日至26日的晚上，英军派出135架轰炸机（主要是哈利法克斯）轰炸了位于万纳艾克尔（Wanne-Eickel）的克房伯炼油厂，由于英军进行了精心的准备，包括佯攻、雷达干扰（包括"长窗口"箔条在内），对德军造成了巨大的干扰。虽然英军目标在鲁尔的中心地带，这也是德国防御最严密的地区之一，但没有一架轰炸机被击落。即使是战绩彪炳的He 219机组——恩斯特-威廉·莫德罗和埃里希·施耐德也空手而归。他们驾机在夜空中飞行了3个多小时，但没有找到敌机，只能于3时13分返回了芬洛。

这张照片可能拍摄于 1944 年夏天。He 219 的身份不明。由于照片中仅有的两架飞机都是亨克尔公司的飞机，因此拍摄地点很可能是亨克尔工厂的某个简易机场，但这一点并不能确定。

## 1944 年 7 月 28 日至 29 日

"斯图加特"在 7 月 24 日—25 日和 25 日—26 日夜间相继遭到英军猛烈轰炸，7 月 28 日—29 日夜间，轰炸机司令部又派出近 500 架兰开斯特轰炸机再次对其进行轰炸。在前几次空袭中，轰炸机司令部的损失相对较轻，但在这一晚，英国人的损失要惨重得多，因为轰炸机编队在前往目标的途中遭到了德国夜间战斗机部队的拦截。战斗一直持续，双方从法国北部一直打到了德国境内，甚至在重型轰炸机最后飞往目标城市时，战斗仍在继续。近午夜时，第 1 夜间战斗机联队第一大队的 14 架 He 219 从芬洛紧急起飞，飞往南面 300 公里处的梅斯。一小时后，各机组转而向斯图加特西南方向飞行。在法国和德国边境附近，He 219 编队第一次遭遇敌轰炸机，奥托-海因里希·弗里斯少尉驾驶 He 219（G9+DK）于 1 时 26 分在斯特拉斯堡以西击落了一架"兰开斯特"。这是弗里斯驾驶 He 219 所取得的首次胜利，也是他个人的第 11 个战果。20 分钟后，弗里斯又声称击落了一架兰开斯特飞机，但仍未得到证实。1 时 28 分，格特·谢弗-苏伦少校声称击落了一架兰开斯特轰炸机，这是他的第二个确认战果。25 分钟后，汉斯·卡莱夫斯基少校取得了他的第六个确定战果——击落了一架"兰开斯特"，值得一提的是，卡莱夫斯基的全部战果都是驾驶 He 219 取得的。不过，这也将是他在 1944 年所取得的最后一次空战胜利，他和无线电员赫尔曼·沃勒特中士后来被调转到装备 Ju 88 的第 2 夜间战斗机联队，并在 1945 年又取得了五次空战胜利。

在 7 月 28 日—29 日英军针对斯图加特的空袭中，德国夜间战斗机部队声称英军损失重轰的总数超过 60 架，但实际上只有 39 架"兰开斯特"未能返回基地，其中 3 架被第 1 夜间战斗机联队第 2 中队所认领。

## 1944 年 7 月 31 日

1944 年 7 月 31 日，He 219（工厂编号210901）被转运至芬兰北部的瑙茨（Nautsi）。这架 He 219(后来的机身编号为 B4+AA),是唯一一架在该部队服役的 He 219(另见对 1944 年 10 月 15 日的叙述)。

## 1944 年 8 月

8 月,法国地面战发生了重大变化,盟军部队冲出了诺曼底口袋,在法国南部成功实施两栖登陆,解放了巴黎,并向比利时和德国边境急速推进。作为这一凌厉攻势的一部分,德国空军部署在低地国家的机场遭到了盟军猛烈攻击。轰炸机司令部在该月的 25 天中进行了昼间轰炸,以减轻地面部队的压力,其目标包括 V-1 导弹基地、U 型潜艇基地、法国的石油储存地以及赖以支撑诺曼底德军突围行动的战术据点。

1944 年 8 月,轰炸机司令部采取的行动模式与前一个月类似,仅在 6 个晚上派遣了大批重型轰炸机去袭击德国境内的目标。包括:布伦瑞克(12 日—13 日)、鲁塞尔斯海姆(12 日—13 日和 25 日—26 日)、基尔(16 日—17 日和 26 日—27 日)、斯泰廷(16 日—17 日和 29 日—30 日)、不来梅(18 日—19 日)、斯特克雷德(18 日—19 日)、达姆施塔特(25 日—26 日)和科尼格斯堡(26 日—27 日和 29 日—30 日)。英军的损失率与前一个月相比几乎没有变化,为 3.8%。在这些夜晚,轰炸机司令部的重型轰炸机出动了 3709 架次(其中 330 架次来自美国陆航),损失了 141 架。英军的蚊式战机持续出动了 21 个晚上,袭击了柏林、科隆、杜塞尔多夫、法兰克福、汉诺威、基尔、勒沃库森、曼海姆、奥斯纳布里克、多特蒙德-加纳尔和鲁尔地区的目标,后者包括埃森、洪堡、卡斯特罗普-罗塞尔、多特蒙德和斯特克拉德。

随后,在德国上空的夜间空战逐渐演变为无线电探测和无线电对抗之间的缠斗,双方都试图采取种种方式抹杀敌人取得的技术进步。7 月 13 日,盟军缴获了一架完好无损的容克斯 Ju 88 G-1 夜间战斗机,这极大地推动了其无线电干扰技术的进展。随着德军的机载雷达和电子设备在英军面前不再是秘密,针对前者的对抗措施也迅速出笼了。俘获 Ju 88 G-1 的几天之后,英国人推出了"长窗口"干扰箔条,顾名思义,它是"窗口"的发展。事实上,英国人已经使用了 12 个月的"窗口"对于德国最先进的夜间战斗机机载雷达(列支敦士登 SN-2 雷达)所造成的影响很小。但"长窗口"有效干扰了 SN-2,从而让德军机组都成了"瞎子"。在 7 月 24 日—25 日夜间,英军在行动中首次投入"长窗口"时,许多德军夜间战斗机机组人员返回基地时都认为他们的 SN-2 雷达已经彻底失效。

截至 8 月 1 日,He 219 的数量为:第 1 夜间战斗机联队第一大队(20 架)、第 1 夜间战斗机联队训练中队(5 架)和第十夜间战斗机大队第 2 中队(6 架)。此外,在这一天,一架He 219(工厂编号 211120)由亨克尔罗斯托克工厂交付给芬洛的第 1 夜间战斗机联队第一大队,但该机未配备 FuG 220(SN-2)雷达、无线电接收机和瞄准设备。

## 1944 年 8 月 12 日至 13 日

8 月 12 日至 13 日夜间,轰炸机司令部派出 297 架重型轰炸机空袭了位于法兰克福郊区鲁塞尔斯海姆的欧宝汽车厂,此外,东北偏北 300 公里处的布伦瑞克市也是英军轰炸目标,该市在午夜过后不久遭到 379 架重型轰炸机的袭击。为此,第 1 夜间战斗机第一大队的 He 219 机组接到命令紧急出击。

对德军而言,这天夜晚十分糟糕。他们的一架 He 219(工厂编号 190215,机身号 G9+LL)

于零点 13 分在赫尔戈兰(Helgoland)群岛附近被皇家空军第 100 大队的蚊式战机击落。He 219 的飞行员瓦尔德·维尔纳·希特勒中尉和他的无线电员怀尔德施利泽中士利用弹射座椅成功逃离了严重受损的飞机,两人成功降落,毫发无伤。皇家空军第 169 中队的"安迪"·米勒(W. H.'Andy'Miller)和弗雷迪·伯恩(Freddie Bone)声称击落了这架 He 219,这也是他们的第 11 个战果。

若干年后,米勒回忆起当时的情景:"弗雷迪稍稍加速,赶到了与敌机的汇合处。我们终于发现了敌机。此时,我们位于敌机正上方,我认出它是一架 He 219。我退回到 150 码处,连续进行了四次两秒钟的射击。然后我们被敌机碎片击中,两个引擎的冷却剂都漏光了。我只能驾机沿荷兰海岸滑翔,弗雷迪在 1200 英尺高空跳伞,我也在 800~900 英尺高空跳伞。"

在荷兰地下组织的帮助下,米勒曾暂时躲过了德军的搜捕,但最终还是被抓了起来,和他的战友伯恩一样,作为战俘度过了余下的战争。在被拘留期间,米勒与自己的手下败将希特勒会了面,这使他确认了自己在战争中所取得的最后一个战果。

凌晨零点 14 分,在赫尔戈兰群岛以南 470 公里处,第 1 夜间战斗机联队第 3 中队的约瑟夫·纳布里希中尉和弗里茨·"皮特"·哈比特技术军士声称在科赫-科赫姆(Cochem-Mosel)地区击落了一架兰开斯特重型轰炸机(几乎可以肯定,它是空袭吕塞尔斯海姆的英军轰炸机中的一员)。两人目击到敌军轰炸机坠毁所燃起的箭形大火。这是纳布里希中尉第 17 个经过证实的战果,也是他最后一次驾驶 He 219 出击。

当晚的第二场,也是 He 219 机组人员的最后一场胜利是由弗兰茨·弗兰肯豪泽(Franz Frankenhauser)中士创造的,当时,一架英军轰炸机正从空袭布伦瑞克返航的途中,被弗兰肯

1944 年夏天,芬洛空军基地。照片左边的人物可能是弗里茨·"皮特"·哈比特技术军士,他是约瑟夫·纳布里希中尉的常用无线电员。如果是这样,那么中间的飞行员很可能就是纳布里希本人。或者,中间的飞行员也可能是海因茨·施特吕宁上尉,第 1 夜间战斗机联队第 3 中队的中队长,不久之后,他被调往装备有 Bf 110 G-4 的第 9 中队。

豪泽抓了个正着。凌晨零点 26 分，他在汉诺威西北 4600 米（15100 英尺）处击落了这架敌机，这也是他的首场胜利。

莫德罗和施耐德在这一夜也很活跃，两人于凌晨 22 时 55 分驾驶一架 He 219（G9+AH）升空作战，但不同寻常的是，他们并没有取得"确认击落"的战果。他们与敌机发生了两次接触，并在一次接触中向一架敌机开火，造成"疑似击落"的战果。最终，两人于 1 时 31 分在芬洛降落。

## 1944 年 8 月 16 日至 17 日

在 8 月 16 日至 17 日的无月之夜，轰炸机司令部以沿海城市基尔（Kiel）和斯德丁（Stettin，现为波兰什切青）为打击目标，德军声称击落了 10 架英军重轰。而实际上，轰炸机司令部损失了 15 架四引擎重型轰炸机——其中大部分都是被德军夜间战斗机所击落的。损失数字上的差异可能是由于大多数战斗发生在海面上，坠机地点一般很难被发现，而坠机地点是确认击落记录的关键。据了解，当晚损失的轰炸机中没有一架是由 He 219 所击落的。而且，有两架He 219 还在拦截行动中严重受损并被返厂维修。

当晚，恩斯特-威廉·莫德罗上尉和埃里希·施耐德三等兵又经历了一次典型的失败行动。他们于 23 时 16 分驾驶一架 He 219（G9+AH）从芬洛起飞，三小时后由于燃料耗尽，莫德罗被迫决定在芬洛东北 130 公里处的赖讷降落。随后，他和施奈德于 8 月 17 日 11 时飞回芬洛，由于白天徘徊在空中的盟军战斗机越来越多，这次飞行实际上充满了危险。

## 1944 年 8 月 18 日至 19 日

8 月 18 日至 19 日的无月之夜，轰炸机司令部出动了 1000 多架次飞机，对帝国境内的目标进行了轰炸。其中一个目标是位于鲁尔区中心的斯特克雷德合成燃料工厂，220 架重型轰炸机和 14 架蚊式战机对其发动了攻击。在接近荷兰时，德国夜间战斗机的指挥人员于零点 25 分开始规划拦截英军轰炸机群的路线。第 1 夜间战斗机联队的所有四个大队，包括来自芬洛的 14 个 He 219 机组，都紧急出动拦截正在接近的敌军轰炸机编队。由于对来犯轰炸机群成功实施了早期预警，再加上对其航线进行了提前绘制，本应使德军夜间战斗机占据相当大的优势，尤其是当晚的天气条件很适于拦截。然而，结果只有两架英军重轰被击落，而且都是在飞回英国的途中在荷兰海岸附近被击落的。德军夜间战斗机部队未能给英军重轰编队造成更大损失的原因已经不得而知，但至少可以肯定的是，英军电子战部队——第 100 大队是功不可没的，当晚，其一共出动了 33 架次，持续对德军进行电子干扰。

当晚，在 He 219 机组当中，只有第 1 夜间战斗机联队第一大队的指挥官莫德罗和他的无线电员埃里希·施耐德三等兵击落了一架英军重轰。两人于零点 43 分驾驶一架 He 219（G9+AH）从芬洛起飞。凌晨 2 时 09 分，他看到一架兰开斯特在祖特坎普地区（荷兰北部海岸）附近1200 米处飞行，并将其击落。但后来地面人员发现，被击落的轰炸机实际上是一架"哈利法克斯"，该机（LW538，MH-N）隶属于皇家空军第51 中队，是该部两架从斯特克雷德空袭中未能返航的飞机之一，包括澳大利亚飞行员"比尔"·康（W．P．"Bill" Quan）在内的 7 名机组人员全部遇难。凌晨 3 时 06 分，莫德罗和施耐德返回芬洛。

19 日凌晨，威廉·亨瑟勒中尉驾驶的He 219（工厂编号 210904，机身号 G9+EH）发动机发生故障，被迫紧急迫降。本来，亨瑟勒和无线电员卢德克在代伦迫降时毫发无伤，但他们的飞机随即被一架 Bf 110 G-4 战斗机误击，进一步受损。在另一起事件中，编号为 190190 的 He 219 在芬洛不慎滑入炸弹坑时受损。上述两架 He 219 后来都被返厂进行维修，190190 号在几周后返回部队继续服役，但没有关于 210904 号返回部队的记录。

## 1944 年 8 月 29 日至 30 日

8 月 19 日之后，轰炸机司令部相对平静。在接下来的一周里，前者出动轰炸机的架次（昼夜）寥寥无几；甚至连夜间蚊式战机的空袭也停止了，在 19 日至 23 日期间，皇家空军偃旗息鼓，没有对德国发动任何攻击。短暂的平静之后，轰炸机司令部的重型轰炸机于 8 月 25 日至 26 日夜间恢复了对德国境内目标的攻击；但直到 8 月 29 日至 30 日夜间，轰炸机司令部派遣两支不同的轰炸机编队攻击德国沿海城市斯德丁和柯尼斯堡时，第 1 夜间战斗机联队第一大队的 He 219 才重新投入战斗，这也是轰炸机司令部在 8 月份第二次以这些城市作为攻击目标。恩斯特-威廉·莫德罗上尉本人于 1908 年 5 月出生在斯德丁，在这个夜晚，英军轰炸机对他出生的城市造成了巨大的破坏。莫德罗和他的战友施耐德于零点 55 分驾驶 He 219（G9+AH）从芬洛起飞，与其他五架 He 219（均来自第 1 夜间战斗机联队第一大队）一起向北飞往丹麦。当时，皇家空军第 103 中队的一架兰开斯特（LM116，PM-D）充分利用了无月的天空（月落时间约为凌晨 1 点），从丹麦上空返航，此时被施耐德发现。在短暂的追击后，这架兰开斯特很快被击落，于 3 时 51 分坠毁在格罗夫附近的田野上，机上 7 名机组人员全部遇难。轰炸机

司令部在空袭斯德丁的行动中损失了 23 架"兰开斯特"（在对柯尼斯堡的空袭中又损失了 15 架），但 LM 116 号"兰开斯特"是唯一一架栽在 He 219 枪口下的飞机，也是莫德罗的第 28 个确认战果。由于天快亮了，且没有足够的燃料返回芬洛，莫德罗于凌晨 4 时 29 分在格罗夫降落。此后不久，施耐德于 8 时 56 分挤进 He 219（G9+KH）的后机身返回了芬洛，其机组人员还包括威廉·亨瑟勒中尉和赫尔穆特·费舍尔技术军士。六天后，莫德罗也返回芬洛，与施耐德会合。

## 1944 年 9 月

1944 年 9 月，轰炸机司令部的重型轰炸机在白天总共出动了 9600 多架次，其中许多是为了支援盟军地面部队并打击法国和低地国家的目标而出动的。同月，轰炸机司令部的重型轰炸机还在夜间还出动了 3055 架次，空袭了德国境内的目标，包括：门兴格拉德巴赫（9 日—10 日和 19 日—20 日）、基尔（15 日—16 日）、达姆施塔特（11 日—12 日）、法兰克福（12 日—13 日）、斯图加特（12 日—13 日）、不来梅港（18 日—19 日）、卡尔斯鲁厄（26 日—27 日）、凯泽斯劳滕（27 日—28 日）和诺伊斯（23 日—24 日）。此外，多特蒙德埃姆斯运河也在 23 日—24 日夜间遭到攻击。轰炸机司令部在夜袭行动中共计损失了 69 架重型轰炸机（损失率 2.3%），但其中只有 2 架是 He 219 的战果，而且这两架都是由第 1 夜间战斗机联队第 1 中队的指挥官——恩斯特-威廉·莫德罗上尉击落的。

轰炸机司令部的蚊式战机的夜间骚扰空袭在 9 月份有增无减，在 22 个夜晚，其对 17 个德国城市展开了空袭，最常去的目标是柏林。

9 月间，盟军对荷兰和德国西北部的德国空

军基地施加了巨大的压力，因为盟军正在为"市场花园"行动做准备，该行动旨在夺取荷兰水道上的重要桥梁。9 月 3 日，第 1 夜间战斗机联队第一大队的 He 219 战斗机所在的芬洛空军基地遭到猛烈轰炸，这迫使该大队在两天后搬迁至明斯特-汉多夫(Munster-Handorf)机场。

随着轰炸机司令部更多地使用德·哈维兰蚊式，德国空军夜间战斗机的效率进一步降低。蚊式战机的飞行高度高，速度快，几乎不受德国空军双引擎螺旋桨夜间战机的拦截，因此，前者可以不断在德国空军夜间战斗机机场附近巡逻并寻找猎物，这极大地降低了后者拦截重轰行动的成功率。1944 年秋天，夜间空战对德国夜间战斗机机组人员来说正变得越来越危险。

截至 9 月 1 日，He 219 的数量为：第 1 夜间战斗机联队第一大队(24 架)；第十夜间战斗机大队第 2 中队(2 架)；夜间战斗机部队驻芬兰中队(1 架)。

## 1944 年 9 月 9 日

9 月 9 日深夜，第 1 夜间战斗机联队第 1 中队的两架 He 219 在飞往赖讷(明斯特-汉多夫以北 45 公里处)的训练飞行中遭到美军战斗机的攻击。这两架飞机的后机身都载有额外的机组人员，这也是训练内容的一部分。在一对一决斗中，其中一架 He 219(工厂编号 210905，机身号 G9+DK)于 17 时 55 分被美军战机击落，三名机组人员全部阵亡。由于 He 219 很少在白天出现，第 353 战斗机大队的本杰明(S. T. Benjamin)中尉将其误认为是一架道尼尔 Do 217。与此同时，卡尔·维尔德哈根中士驾驶着另一架 He 219(工厂编号 190128，机身号 G9+OK)飞往霍普斯滕空军基地，那里有大量的防空设施。维尔德哈根刚刚着陆，他的飞机就遭到了美军战

斗机的扫射。另外两名机组成员被击中受伤。然而，维尔德哈根自己就没那么幸运了，他在袭击中丧生。阵亡时，他的战绩是一个确认战果(于 1944 年 4 月 22 日至 23 日夜间取得)。

## 1944 年 9 月 12 日至 13 日

9 月 12 日至 13 日夜间，轰炸机司令部派遣一支电子战部队进入荷兰，最远到达埃因霍温。在"轴棒"和"窗口"等其他反制措施的掩护下，德军夜间战斗机指挥人员认为这支正在逼近的空中编队对鲁尔区和杜塞尔多夫构成了威胁。第 1 夜间战斗机联队第 3 中队指挥官约瑟夫·纳布里希于 19 时 30 分从明斯特-汉多夫起飞，执行侦查巡逻任务。当他于 21 时 40 分返回时，已经意识到敌人针对鲁尔区的行动是虚假的，然而，此时第 1 夜间战斗机联队已经来不及对南面数百公里外英军对法兰克福和斯图加特的猛烈空袭做出任何反应了。

## 1944 年 9 月 15 日

根据第 1 夜间战斗机联队第一大队技术军官的报告，当天该大队装备的 He 219 的状况如下：

目前装备 25 架 He 219，其中 20 架处于可用状态；

32 名飞行员中有 20 人可以执行任务；

39 名无线电员中有 22 人可以执行任务。

## 1944 年 9 月 18 日

第 1 夜间战斗机联队第一大队在 9 月 18 日 17 时的战备报告中指出，目前只剩 14 架 He 219 可以使用。其中两架安装了 FuG 350"纳克索斯"

(Naxos)雷达。鉴于可用飞机的数量正在迅速下降(三天前报告的可使用飞机的数量还能达到 20 架),表明在 9 月 16 日至 17 日盟军针对机场的空袭中,有几架 He 219 被炸毁。报告的另一部分也证实了这一可能性,该部分指出,明斯特-汉多夫机场只供第 1 夜间战斗机联队第一大队自己的飞机使用。

## 1944 年 9 月 23 日至 24 日

9 月 23 日至 24 日夜间,轰炸机司令部的目标之一是位于莱茵河西岸、杜塞尔多夫对面的诺伊斯。21 时 15 分,德国空军夜间战斗机部队的指挥层开始绘制英军轰炸机编队的航线,当时,比利时海岸附近的一座德军地面雷达站发现了敌军。为此,70～100 架德军夜间战斗机紧急起飞。9 个 He 219 机组从明斯特-汉多夫起飞,包括:第 1 夜间战斗机联队第一中队的指挥官恩斯特-威廉·莫德罗上尉(驾驶的 He 219 机身编号为 G9+HH)。21 时 45 分,他与无线电

员埃里希·施耐德三等兵奉命前往西南方向,飞向来袭的轰炸机群。由 532 架重型轰炸机和 17 架蚊式战机所组成的英军攻击部队充分利用了这个无月之夜的多云天气(月落时间约为 21 时 30 分),在几乎没有德军夜间战斗机干扰的情况下抵达了目标上空。不过,云层迫使英军攻击编队在目标上空停留的时间比平时更长,这增加了它们被夜间战斗机拦截的风险。但事实证明,这次攻击几乎没有遭到任何抵抗,炸弹在 22 时 11 分至 22 时 42 分之间投下。直到攻击编队返航时,它们才遭到德军夜间战斗机的猛烈截击,7 架重型轰炸机未能返回基地,其中两架被莫德罗和施耐德击落。22 时 40 分,两人在杜塞尔多夫西北偏西 45 公里处的 3500 米(11500 英尺)处击落了一架兰开斯特轰炸机(可能来自第 116 或第 12 中队),随后又在 23 时 11 分击落了另一架兰开斯特轰炸机。除空袭诺伊斯的编队外,轰炸机司令部还在当晚派出了两支规模较小的重型轰炸机群,其中一支在明斯特东北 20 公里处的拉德贝根(Ladbergen)对多特

这张 He 219(工厂编号 290068)的照片被认为是在 1944 年 9 月下旬飞往韦尔佐夫的一次转移飞行中拍摄的。1944 年 7 月的一项官方命令改变了飞机标识的做法,因此到这一天,飞机上已不再喷涂/粘贴无线电呼号(机身编号)。注意该机安装了 FuG 220 “列支敦士登”SN-2d 型雷达。

蒙德-鄂姆斯运河展开空袭。另有一支由 107 架"兰开斯特"和支援飞机所组成的编队奉命轰炸附近的明斯特-汉多夫机场，那里也是第 1 夜间战斗机联队第一大队的主要基地。夜间战斗机部队的指挥层赶忙从诺伊斯上空调遣了己方部队来抵御英军对明斯特的突袭。但是，就现有资料而言，这次重新部署不包括第一大队的 He 219。当晚轰炸机司令部总共损失了 20 架"兰开斯特"和 2 架"哈利法克斯"。另一方面，夜间战斗机只获得了 15 个击坠记录，这表明许多坠机地点可能被云层遮蔽，使得夜间战斗机机组人员无法对自己的战果进行视觉确认。

由于英军对明斯特-汉多夫发起了猛烈空袭，一架 He 219（工厂编号 190075）被调往东北偏北 120 公里处的阿霍恩机场（Ahlhorn），不过，该机在那里着陆时坠毁。其右舷主起落架支柱和鼻起落架支柱断裂，右舷机翼受损，机身底部的 7~9 号机身框架被毁，螺旋桨叶片弯曲。该机机身受损程度被评估为 30%。机组人员冈瑟·席尔默（Gunther Schirmer）中尉和无线电员威廉·罗森伯格（Wilhelm Rosenberger）三等兵没有受伤，但两天后的晚上他们就没那么幸运了。

## 1944 年 9 月 25 日至 26 日

9 月 24 日—25 日和 25 日—26 日晚，轰炸机司令部的行动受到严重影响，由于天气恶劣，这两晚都没有派出重型轰炸机编队。不过，蚊式战机在 25 日—26 日进行了例行空袭和巡逻。这天晚上，一架 He 219（G9+HH，由莫德罗和施耐德驾驶）于 21 时 30 分从明斯特-汉多夫起飞，并于 22 时 17 分返回。当晚在空中飞行的还有 He 219（工厂编号 190098，机身号 G9+EK），由冈瑟·席尔默中尉和威廉·罗森伯格三等兵驾驶。他们在巡逻时遭到袭击，座机严重受损。

由于无法放下襟翼和起落架，席尔默被迫尝试在明斯特-汉多夫利用机腹迫降，但飞机一着陆就失去了控制，四分五裂。席默和罗森伯格被从残骸中抛了出来，两人都受了重伤。袭击者的身份尚不清楚，但可能是当晚第 100 大队派出的 30 架蚊式战机中的一员。

## 1944 年 9 月 28 日至 29 日

9 月 29 日凌晨，皇家空军第 100 大队入侵了德国西北领空，并抛洒了大量"窗口"，希望将德国夜间战斗机引到那里，然后再利用大批蚊式战机对其展开突袭。这次英军出动了 43 架次电子战战机和 52 架次蚊式战机，但并未能充分吸引德军夜间战斗机部队。而且，被派往明斯特-汉多夫机场执行入侵任务的一架来自第 157 中队蚊式战机（MM646）在凌晨 3 时 10 分被一架"敌方夜间战斗机"击落。然而当晚并没有 He 219 参与作战行动，因此有人猜测这架蚊式是被友军击落的。这架蚊式的飞行员彼得·弗莱（Peter Fry）和领航员哈里·史密斯（Harry Smith）均在战斗中阵亡，被安葬于荷兰的奥斯特塞伦（Geesbrug）将军公墓。

## 1944 年 9 月 30 日

9 月 30 日，明斯特-汉多夫机场成为美国第八航空军的袭击目标，其共计出动了 14 架 B-17 轰炸机。在接下来的五天里，该机场继续在白天遭到美军的猛烈轰炸，但所有空袭行动均受到了不良天气条件的影响。

## 1944 年 10 月

1944 年 10 月，英国皇家空军轰炸机司令部继续扩大昼间轰炸行动，相继轰炸了博特罗普（Bottrop）、梅尔贝克（Meerbeck）、万纳艾克尔、韦塞林（Wesseling）、肖尔文-布尔和斯特克雷德的合成汽油/燃料生产厂。与此同时，夜袭也在继续，在 10 月，德国城市共有 9 个夜晚遭到了重型轰炸机的袭击：萨尔布吕肯（5 日—6 日）、多特蒙德（6 日—7 日）、不来梅（6 日—7 日）、波鸿（9 日—10 日）、杜伊斯堡（14 日—15 日）、布伦瑞克（14 日—15 日）、威廉港（15 日—16 日）、斯图加特（19 日—20 日）、纽伦堡（19 日—20 日）、埃森（23 日—24 日）和科隆（10 月 30 日—31 日和 31 日—11 月 1 日）。这些夜晚，英军重轰一共出动了 6584 架次，比 9 月的同比数据高出一倍多。虽然出动次数明显上升，但不到 0.8% 的损失是 1944 年以来最低的——英军在这些夜间突袭行动中只损失了 50 架重型轰炸机。随着英军轰炸支援战术日益精进，电子战战机的飞行架次日益增多，声东击西佯攻的迷惑性也越来越强，这都让德国夜间战斗机部队指挥层无所适从。这一点在 1944 年 10 月表现得尤为明显，当时许多德军夜间战斗机部队接到增援命令时都已为时过晚，难以奏效。在此期间，由于盟军地面部队占领了大片领土，德军逐渐无法对英军轰炸机的行动展开早期预警，因此前者的指挥控制可谓举步维艰。到 10 月中旬，飞往德国境内目标的英军轰炸机（严格遵守无线电静默）经常采取低空飞行的方式，以在穿越法国或比利时的时候避开德国雷达，因此，只有当它们爬升到轰炸高度并进入德国领空时才会被德军发现。

对于第 1 夜间战斗机联队第一大队来说，1944 年 9 月 16 日至 10 月 16 日是一段惨淡的日子——2 名飞行员重伤，5 人阵亡，其中包括该部队的指挥官和通讯官。5 架 He 219（包括两架最新的 A-2 改型）受损，另有 3 架（包括一架 A-2 改型）在战斗中损失，还有 1 架在事故中被毁。与这些损失相比，He 219 在 9 月和 10 月之间只击落了 3 架敌轰炸机。

## 1944 年 10 月 1 日

这个月一开头就不是很顺利，第 1 夜间战斗机联队第一大队的指挥官保罗·福斯特上尉和大队通讯官弗里茨-康拉德·阿佩尔在对一架 He 219（G9+CL，190194）的盲降设备进行测试时，飞机突然失控坠毁，两人当场遇难。亨克尔工厂的技术工程师马西耶夫斯基后来提交的一份报告称："福斯特上尉少校平稳着陆，稍微滑跑了一段路程，想再次起飞。在这种情况下，飞机突然与地面接触，导致撞击、坠毁和火灾。"

第二天，骑士十字勋章获得者、维尔纳·巴克上尉接任第一大队的指挥官，他将一直担任这个职位，直到战争结束。巴克上尉此前曾担任过第 2 中队的指挥官。截至 10 月 1 日，He 219 的数量为：第 1 夜间战斗机联队第一大队（23 架）；第十夜间战斗机大队第 2 中队（1 架）；夜间战斗机部队驻芬兰中队（1 架）。

## 1944 年 10 月 14 日至 15 日

1944 年 10 月 14 日至 15 日的无月之夜（以及日落之前的几个小时），盟军对德国境内目标实施了战争开始以来最猛烈、最集中的轰炸，成千上万的盟军重型轰炸机袭击了杜伊斯堡。近 9000 吨炸弹，主要是烈性炸药，在不到 24 小时内如雨点般落到了该城。这次代号为"飓风行动"的攻击，旨在展示盟军空中力量在欧洲上空的压倒性优势。虽然杜伊斯堡是主要目标，但科隆和不伦瑞克也遭到了攻击。轰炸机司令部事先进行了各种干扰、欺骗和佯攻，电子战大队也全体出动，其成果非常显著，在 1572 架次的轰炸行动中，英军只损失了 10 架重轰。其中，只有 2 架（可能 3 架）是被德军的夜间战斗机击落的，有 2 架英国皇家空军重轰在杜伊斯堡上空相撞坠毁，还有 2 架被高射炮击落。

由于遭到盟军的猛烈压制，德国空军夜间战斗机部队的指挥人员几乎无所适从，再一次，紧急起飞的命令发出得太晚，以至于德军夜间战斗机无法发挥作用。大约在凌晨 1 时 40 分，第 1 夜间战斗机联队第一大队的 14 架 He 219 才接到命令，从明斯特-汉多夫起飞，前往西南 90 公里处的杜伊斯堡拦截英军轰炸机群。然而，到这个时候，轰炸行动已接近尾声。当 He 219 抵达杜伊斯堡上空时，这座城市已经成为一片火海，英军轰炸机编队的主力也已经经过被盟军地面部队解放的比利时上空返回了本土。当晚，恩斯特-威廉·莫德罗和埃里希·施耐德驾驶一架 He 219（G9+HH）于凌晨 1 时 40 分从明斯特-汉多夫起飞，因未能与敌机取得接触，他们于 2 时 56 分返回基地。

这次徒劳无功的出击不仅进一步消耗了第 1 夜间战斗机联队第一大队本已经不多的燃料储备，而且还付出了血的代价——一名经验丰富的无线电员阵亡，他的座机坠毁，还有另一架 He 219 严重损坏。He 219（工厂编号 190059，机身号 G9+EH）于大约凌晨 2 时 30 分在杜伊斯堡附近被击落。飞行员弗兰茨·弗兰肯豪泽中士从失事的战机中弹射出来后幸免于难，然而，他的无线电员赫尔穆特·比安克（Helmut Biank）可能在交战中就已经受了致命伤，因而随战机一起坠毁。弗兰茨·弗兰肯豪泽在启动弹射座椅之前曾连续三次试图与后座无线电员进行联系，但没有得到任何回应。他们的对手是由皇家空军第 125 中队的利文驾驶的一架蚊式 NF

Mk. XVII 型（编号 HK245）。利文和他的领航员米林顿于零点 05 分从汉普郡的中沃洛普机场起飞，在荷兰-德国边境附近 2400 米（8000 英尺）的高空巡逻，凌晨 2 时 20 分，他们收到移动地面控制拦截站（GCI）"银河"（Milkway）发出的警报：一架不明飞机正从 11 点钟方向向他们逼近。米林顿随后在他的雷达屏幕上确认了这一讯息——一架敌机正位于 4 公里外，并不断向蚊式的机头靠近，敌机飞行高度比蚊式要高 600 米。利文立即将飞机调转 180 度，开始追击这架敌机。发现自己遭到追击后，这架不明身份的飞机随即采取了惯常的规避动作，开始反复改变航线和高度。但双方飞向杜伊斯堡时，利文担心自己会在城市上空的雷达杂波中与敌机失去联系。于是，他开始加速。当双方距离接近至 3000 英尺（900 米）时，两束探照灯出现了，光速开始汇聚并转向东方。作为对光束的回应，敌机突然改变航线，开始向东飞行。蚊式战机现在处于小角度俯冲状态，速度为 340 英里/小时（547 公里/小时），利文将双方距离缩小到 1500 英尺（450 米），并继续靠近，直到他的猎物发出的白绿色废气可以在几百英尺远的地方清晰看到为止。当利文慢慢靠近时，第一次发现这架身份不明的敌机可能是道尼尔 Do 217。再靠近一点，他看到了敌机翼下的十字标志，然后是长长的、突出的发动机短舱和独特的两片式尾翼——毫无疑问这是一架 He 219。接近到 750 英尺（230 米）的时候，利文利用座机的四门 20 毫米机炮对敌机进行了一次 2 秒钟的射击，导致 He 219 的左舷发动机爆炸起火。随后，He 219 发生了第二次爆炸，机身开始起火。当 He 219 开始向右舷缓慢俯冲时，利文再次按下了机炮按钮，但这次瞄准的方向略有不准。由于燃油管道被切断，He 219 的右舷发动机短舱喷出了黄色火焰。燃烧的飞机在烟雾中旋转，直到撞到地面爆炸，剧烈的爆炸甚至将一片薄薄的云层都给照亮了。

## 1944 年 10 月 15 日至 16 日

在 10 月 15 日至 16 日的无月之夜，轰炸机司令部的轰炸机编队继续活跃在德国西北部，当晚，共有 506 架重型轰炸机被派往威廉港，44 架轻型夜间打击部队的蚊式战机被派往汉堡。当晚的行动由 33 架电子战战机支援，其中包括 1 架投掷"窗口"的轰炸机和 42 架蚊式战机。大多数英军轰炸机编队受到了驻扎在德国西北部的夜间战斗机部队的抵抗，尽管德军夜间战斗机部队的指挥层绞尽脑汁集结了一支拦截部队，但大多数德军夜间战斗机在英军炸弹落下的同时才刚刚起飞。在南面 200 公里处，第 1 夜间战斗机联队第一大队的 7 架 He 219 于 19 时 35 分左右从明斯特-汉多夫紧急起飞，它们奉命掩护不来梅和汉堡地区，以防英军进一步入侵轰炸。但由于它们来得太晚，因而没有发挥任何作用，He 219 机组人员未能与敌人取得接触，只能空手而归。雪上加霜的是，他们还牺牲了两位战友——第 1 夜间战斗机联队第一大队的保罗·马丁·斯蒂格霍斯特（Paul Martin Stieghorst）中尉和无线电员库尔特·弗朗斯克（Kurt Frunske）中士驾驶的 He 219（工厂编号 290002，机身号 G9+BH）在不来梅东北 8 公里处被击落，两人双双阵亡。这次战斗的具体过程我们不得而知，两人的座机很可能是被英军击落的——英国皇家空军第 85 中队的 C. K. 诺埃尔和 F. 兰德尔声称击落了一架 Bf 110，但也有人认为他们是被高射炮击落的，来自第 2 夜间战斗机联队第 7 中队的无线电员布林克曼中士（一直跟谢弗中尉搭档）在其报告中指出：

直到晚上 19 点 35 分我们才起飞，太晚了，无法与威廉港的防空部队取得联系，因此，我们遭受不来梅防御工事的重炮攻击长达 20 分钟。紧跟在我们后面的是第 1 夜间战斗机联队第一大队的战机，其中有一架被我们自己的高射炮给击落了。

## 1944 年 11 月

1944 年 11 月，轰炸机司令部在 12 个晚上派出重型轰炸机编队对德国境内的目标展开空袭，相继袭击了奥伯豪森（1 日—2 日）、杜塞尔多夫（2 日—3 日）、科布伦茨（6 日—7 日和 20 日—21 日）、阿沙芬堡（21 日—22 日）、博厄姆（4 日—5 日）、慕尼黑（26 日—27 日）、弗赖堡（27 日—28 日）、诺伊斯（27 日—28 日和 28 日—29 日）、杜伊斯堡（12 月 30 日—1 月 1 日）和埃森（28 日—29 日）。除此之外，英军在 11 月的攻击目标还包括多特蒙德（11 日—12 日）、哈尔堡（11 日—12 日）、万讷艾克尔（18 日—19 日）、施特克拉德（21 日—22 日）和卡斯特罗普-劳克塞尔（21 日—22 日）的汽油和燃料生产设施。中德运河（Mittelland Canal）和多特蒙德—埃姆斯运河也在 3 个晚上（4 日—5 日、6 日—7 日和 21 日—22 日）遭到英军攻击，两条运河都被切断，重要战争物资的运输暂时中断。在这些空袭中，英军共出动了 6200 架次重轰，损失了 89 架飞机，损失率为 1.4%——几乎是前一个月的两倍。造成高损失率的一个主要因素是轰炸机司令部做出了一个看似奇怪的决定，即在满月的夜晚执行任务，而天气条件对德国的夜间战斗机有利。这一点在 11 月的第一周尤为明显，当时轰炸机司令部损失了整整 66 架重型轰炸机，其中有几架是由第 1 夜间战斗机联队第一大队的 He 219 机组击落的。

在每年的这个时候，欧洲北部的天气条件都会突然变差（出现雾、地面雾霾、低气压、初冬风暴和降雪等），严重影响了英吉利海峡两岸的空中行动。通常情况下，轰炸机司令部最活跃的夜间行动是在月亮处于或接近新月阶段的时候。然而，由于恶劣的天气条件，12 日至 13 日，以及 17 日至 18 日晚上英军并没有派出重型轰炸机编队，而这两晚几乎是完全黑暗的，因为月亮在下午晚些时候就落下了，直到上午 10 时左右才升起。德国的夜间战斗机也受到了恶劣天气条件的影响，11 月 11 日至 12 日的夜晚对德军机组人员来说尤为艰难，因为经历了极端的结冰天气，德军至少损失了 11 架夜间战斗机（没有 He 219）。

对装备 He 219 的第 1 夜间战斗机联队第一大队而言，11 月的战绩有所回升，在这个月的第一周，他们就宣称取得了 18 场空战胜利（还有另外两个未能确认的战果），比之前四个月的总数据还多了两个。不过，该大队也遭受了损失。11 月 2 日至 3 日晚上，一晚上至少击落了 6 架四发重轰的威廉·"威利"·莫洛克军士长在战斗中丧生，而第 3 中队经验丰富的指挥官——约瑟夫·纳布里希中尉也于 27 日盟军一次针对机场的扫射袭击中丧生。当月下旬，第一大队又损失了 4 名飞行员，还有几架 He 219 在战斗和事故中受损或被摧毁。

截至 11 月 1 日，第十夜间战斗机大队第 2 中队和夜间战斗机部队驻芬兰中队各有 1 架 He 219。月初，第 1 夜间战斗机联队第一大队装备了 22 架 He 219。但 11 月间，该大队 He 219 的装备数量将出现大幅增长。在当月，亨克尔公司将整整 44 架库存的新飞机交付给了该大队，这是 1944 年迄今为止最大的月度交付量。这些新飞机有许多来自各基地的仓库，可能是将原先预计交付给其他单位的 He 219 全部转交给了第一大队。

## 1944 年 11 月 2 日至 3 日

当夜，英军轰炸机司令部派出 961 架四引擎重型轰炸机和 31 架蚊式战机对杜塞尔多夫展开袭击。作为回应，德军第 1 夜间战斗机联队第一大队派出 11 架 He 219，它们在大约 19 时从明斯特-汉多夫起飞。令人惊讶的是，英军的这次袭击是在满月之后两天展开的，当时的夜晚仍然很亮——11 月 2 日的月出时间大约在 18 时 30 分。当晚，天气晴朗，云层稀薄，当英军轰炸机编队接近鲁尔区时，能见度很好，这也是德国夜间战斗机机组作战的绝佳条件。

当英军轰炸机群飞过比利时西部上空时，德国夜间战斗机部队的指挥层提前绘制了来袭轰炸机的航线，这次他们及时组织防御，并迅速组建了一支由大约 60 架夜间战斗机所组成的拦截编队。然而，英国的佯攻战术很大程度上是成功的，轰炸机编队还是基本在无人干扰的情况下来到了目标区域上空。在目标城市上空，以及英军重轰编队返回本土的航路上，双方爆发了激烈的空战，德国空军夜间战斗机部队声称自己击落了 40 架重轰。然而事实上，轰炸机司令部只损失了 19 架重型轰炸机，其中有 4 架坠毁在法国和比利时——现在已经是盟军的后方，另有 11 架受损。德军夜间战斗机部队声称战果与现实战果的巨大差距可能由于以下几个因素：第一，在晴朗的条件下，单个轰炸机可能同时受到多架夜间战斗机的攻击；第二，大量在战斗中被击伤的重型轰炸机仍然能够保持飞行状态。

在当晚被击落的 19 架重型轰炸机中，有 7 架（还有 2 架疑似）被第 1 夜间战斗机联队第一大队的机组人员击落。然而，这个数字本可以更高。第 2 中队的弗里斯少尉与 3 架"兰开斯特"发生了接触，但由于他的 He 219（G9+GK）的机炮没法开火，只能被迫中断了狩猎，当晚表现最引人注目的机组是第 3 中队的威廉·"威利"·莫洛克军士长和他的无线电员——阿尔弗雷德·佐伊卡技术军士。在 19 时 25 分至 19 时 37 分，短短 12 分钟内，该机组创造了一大"神迹"，击落了 6 架敌军重轰，并声称在杜塞尔多夫南部击落了第 7 架。莫洛克军士长赢得的一晚上击落 6 架（或许是 7 架）四引擎轰炸机的辉煌战果，创造了该机型的新纪录，打破了 1943 年 6 月 11 日至 12 日晚上斯特赖布少校击落 5 架四发重轰的旧纪录。在当晚取得成功的夜战飞行员还有第 3 中队的鲁珀特·瑟纳（Ruppert Thurner）中尉。他驾驶 He 219 取得了自己的第一场空战胜利，击落了一架四引擎轰炸机，可能是于 19 时 33 分在杜塞尔多夫南部击落的。另一位首开纪录的 He 219 飞行员是第 2 中队的沃纳·沃伦霍普特（Werner Wollenhaupt）中士。他于 19 时 30 分在鲁尔地区击落了一架哈利法克斯。由于几架轰炸机几乎在同一时间和同一地点从空中坠落，因此无法确定沃伦霍普特猎物的身份，但据信是皇家空军第 462 中队的一架"哈利法克斯"Ⅲ 型，该机的 7 名机组成员中有两人阵亡——罗伯特·米切尔（飞行员）上尉和阿尔伯特·桑顿军士（后机枪射手），都是 21 岁的澳大利亚人。米切尔死后被追晋为少校。

尽管从现有资料我们可以得知，大约在 19 时，第 1 夜间战斗机联队第一大队的 11 架 He 219 从明斯特-汉多夫起飞，但尚不清楚莫德罗和施耐德机组是否参与其中。奇怪的是，施耐德的飞行日志显示，他和莫德罗于 18 时 59 分从汉多夫机场起飞，但仅仅 6 分钟后就返回了，可能出现了技术问题。这次起飞的目的被施耐德记录为"战斗出击"（Einsatz），但随即被他用铅笔划掉并被重新记录为"机场待命"（Platzlug）。同样值得注意的是，前 He 219 飞行员、约瑟夫·斯特罗莱因军士长，现在被分配到装备 Bf 110G-4 战斗机的第 1 夜间战斗机联队第 6 中队，声称当晚取得了一个战果（不久后，斯特罗莱因就被调回了第 1 夜间战斗机联队第一大队）。

## 1944 年 11 月 4 日至 5 日

11 月 4 日，大约 19 时，12 架第 1 夜间战斗机联队第一大队的 He 219 从明斯特-汉多夫起飞，以应对英军对波鸿和拉德贝根的多特蒙德-埃姆斯运河发动的袭击。莫德罗和施耐德机组也随队出动，他们驾驶一架 He 219（G9+HH）于 19 时 04 分从明斯特-汉多夫起飞，于 21 时 11 分返回。

虽然轰炸机司令部认为两次突袭都取得了成功，但代价很高，在波鸿的突袭行动中损失了 23 架"哈利法克斯"和 5 架"兰开斯特"（占全部 720 架重型轰炸机的 3.9%）。另有 3 架"兰开斯特"在突袭拉德贝根的行动中被击落，其中 1 架被第 1 夜间战斗机联队第一大队的指挥官维尔纳·巴克上尉认领。巴克上尉于 19 时 36 分升空作战，并声称自己在梅廷根（Mettingen）西北击落了一架"兰开斯特"（实际上是一架"哈利法克斯"）。这是巴克驾驶 He 219 所取得的第 10 次空战胜利，也是他自今年 6 月以来取得的第一次胜利。

同样活跃在拉德贝根地区的还有"威利"·莫洛克军士长，两天前，他在杜塞尔多夫附近击落了至少 6 架重型轰炸机。但这也是王牌飞行员莫洛克最后的壮举了。11 月 4 日—5 日夜间，他驾驶的 He 219（工厂编号 190182，机身号

G9+HH)于 20 时 05 分在柏林附近被击落，随即坠毁在条顿堡森林的山麓上。无线电员索伊卡安全地从受损的战机中弹射出来，只受了轻伤，然而，莫洛克就没那么幸运了，他的尸体在飞机残骸附近被发现。几乎可以肯定的是，击落莫洛克的是皇家空军第 239 中队的蚊式战机（FB Mk. VI 型，编号 PZ245）。蚊式的机组成员分别是飞行员杨上尉和领航员/雷达操作员西登斯中尉，两人声称于 19 时 07 分在莱茵河以西击落了一架"Bf 110"。

由于德国夜间战斗机部队的指挥层能够及时集结一支庞大的夜间战斗机编队并将其部署到有利位置，英军空袭波鸿的空中编队遭受了惨重的损失。经历激烈的空战，在不到 30 分钟（从 19 时 30 分至 20 时）的时间里，20 多架英军重轰在鲁尔区附近被击落。第 2 中队的沃纳·沃伦霍普特中士驾驶一架 He 219 于 19 时 30 分在哈尔滕（Haltern）和盖尔森基兴之间击落了一架"哈利法克斯"，从而获得了他在 He 219 上的第二个战果。第 1 夜间战斗机联队第 3 中队的尤尔根·普利策（Jurgen Prietze）少尉在当晚声称击落了 2 架敌机，这也是他驾驶 He 219 所取得的头两个战果。他先于 20 时在波恩附近击落了一架"哈利法克斯"，6 分钟后又在同一空域击落了另一架英军重轰。被击落的轰炸机是波鸿空袭部队的一部分，很可能是在返回英国的途中被强烈的西风吹离了既定航线。

在这个晚上，皇家空军第 100 大队的蚊式战机摧毁了 4 架 Ju 88 和 3 架"Bf 110"（其中一架几乎可以肯定是莫洛克驾驶的 He 219），这是他们在战争中最成功的一个夜晚。对于第 100 大队来说，这代表着命运的重大逆转，在两天前的晚上，当轰炸机司令部损失了 19 架重型轰炸机时，该大队甚至连一架德军夜间战斗机都未能击落。

## 1944 年 11 月 6 日至 7 日

11 月 6 日夜间，轰炸机司令部派遣重型轰炸机编队深入德国境内，对两个目标进行轰炸。为了对这次任务进行支援，第 100 大队派遣了 32 架次电子战飞机和 82 架次的蚊式战机，轻型夜间打击部队也将 85 架次的蚊式战机派往莱茵、盖尔森基兴、汉诺威和赫福德。由于事先得到英军即将对鲁尔区发动空袭的警报，夜间战斗机部队管理层集结了大量兵力。然而，当晚英军重型轰炸机编队的攻击目标恰好在鲁尔区之外。事实上，当晚科布伦茨市被 128 架"兰开斯特"轰击，而在科布伦茨以北 200 公里处，另有一支由 235 架兰开斯特轰炸机组成的独立编队（还有 7 架负责标定目标的蚊式战机），它们的任务是切断中德运河与多特蒙德-埃姆斯运河的交汇处。由于德军指挥层错误地认为空袭科布伦茨的英军编队仅由 25 架蚊式战机组成，因此并未派遣夜间战斗机对其展开拦截。不过，空袭中德运河的英军重轰编队在前往目标的途中遭到了拦截，并在随后的空战中损失了 10 架兰开斯特。

19 点，13 架第 1 夜间战斗机联队第一大队的 He 219 战斗机从明斯特-汉多夫起飞，返回的时候，共有 4 个机组声称击落了敌机，包括 6 架"兰开斯特"，还有 1 个不确切的击落记录。不过，第一大队也损失了一架 He 219——第 2 中队的沃纳·沃伦霍普特中士的座机。由于发动机故障，沃伦霍普特中士被迫在空地上进行了一次危险的腹部着陆迫降。沃伦霍普特的 He 219 在硬着陆中遭了 90% 的损毁，但令人难以置信的是，他和无线电员冈瑟·海默斯扎特（Gunther Heimesaat）都毫发无伤。19 时 23 分，第 1 夜间战斗机联队第一大队的指挥官维尔纳·巴克击落了一架兰开斯特轰炸机，击落空域位于德荷边境附近的多廷赫姆（Doetinchem）东南 12 公里处。19 时 07 分，莫德罗和施耐德驾驶一架 He 219（G9+HH）出击，并分别于 19 时 24 分和 19 时 28 分在莱茵-诺德霍恩地区击落了 2 架"兰开斯特"。第 1 夜间战斗机联队第 3 中队的尤尔根·普利策少尉也于 19 时 37 分在明斯特-汉多尔机场上空或北部击落了一架兰开斯特轰炸机（很可能是被强烈的西风吹离了航线），这是他驾驶 He 219 所取得的第 3 个战果，也是他当月的第 3 个战果。在当晚取得战果的 He 219 机组人员中，还有第 2 中队的奥托-海因里希·弗里斯少尉和他的无线电员阿尔弗雷德·斯塔法技术军士，两人驾驶一架 He 219（G9+GK）于 19 时 04 分起飞。四天前的晚上，由于他们的武器系统故障，错过了许多击落敌机的机会，结果这一次他们再次因设备故障而感到沮丧。在英军轰炸机群返回本土的第一段航程中，弗里斯少尉和斯塔法技术军士驾驶 He 219 对其展开了拦截，并声称于 19 时 27 分和 19 时 35 分分别击落了一架兰开斯特轰炸机。此外，他们还声称击落了第 3 架"兰开斯特"，但这一战果未能得到确认。然而，几年后弗里斯回忆说，他们当晚的战绩本来可以高得多：

我仍然记得，取得第三个战果后，我的无线电员勃然大怒，甚至想把设备砸个粉碎。当时，我们的战机正好遁入了正在返航的敌机编队的尾流中，我很高兴，我们终于有机会大开杀戒了。所有条件都对我们有利：我们在敌人轰炸机群中间穿行，而且在轰炸机群中飞的位置相对较低，所以我们的雷达很难被它们干扰，而且，显然它们在这次行动中也没有派遣电子干扰机，这样，我们的 SN-2 就可以发挥最大作用了。在大部分时间内，来自法国、荷兰等的盟军战机都会对我们造成很大困扰。然后我们采取了低空飞行的战术，并认为这是最佳战术。斯塔法一次又一次地把我引导到敌机后面，而我——由于我的座机上没有装备"斜乐曲"武器系统——只能用老办法从敌机下后方展开攻击，对准敌机机翼一个点射，如果瞄准得好，敌机就一定会燃烧。原则上，我只瞄准机翼，不瞄准机身——我们要对付的是敌军轰炸机，而不是里面的人。在英国，我有很多校友和私人朋友。这个夜晚很黑，伸手不见五指，我看不见任何降落伞。座舱的左舷和右舷都传出了碰撞声，但一切都发生得太快了，我们根本没有时间去回头看看是否有人跳出来了，因为斯塔法的 SN-2 上又显示出了一个新光点——又有一架飞行中的敌机被我们发现了，但如果后方敌机坠毁的话，我们会记下时间的。我们继续飞行，突然间，在指引我飞向第 4 架轰炸机的时候，后面的斯塔法开始恶狠狠地咒骂起来。他试图切换屏幕上的指示光点——从垂直切换到水平，我不知道出了什么问题，但屏幕似乎只能显示垂直指示光点了，而只有显示水平指示光点我们才能成功搜索到敌机。我们继续飞行了一段时间，不断搜寻敌机，但仅凭视力，我实在找不到目标。这期间，斯塔法一直像疯子一样怒不可遏。然后我们沮丧地飞回家。此前我从未见过我的无线电员如此歇斯底里和狂怒不止。

作为当晚战事的一个注脚，英军对中德运河的攻击没有取得成功。由于侦察机在对目标进行定位时遭遇了困难，在被派去执行这次攻击任务的 235 架兰开斯特轰炸机中，只有 31 架成功对目标投下了炸弹。因此，轰炸机司令部决定于 11 月 21 日至 22 日夜间再次造访这一地区。

## 1944 年 11 月 28 日

11 月 28 日，在清晨的白光中，2 架第 1 夜间战斗机联队第一大队的 He 219 战斗机正接近一场夜间训练的尾声，然而，此时他们遭到了皇家空军第 56 中队的"暴风"战斗机的突然袭击。率领这些"暴风"战机的是安德鲁·摩尔（Andrew Moore）上尉（优异飞行十字勋章获得者），他本人座机编号 EJ536，无线电呼号为"B"，以下是他的报告：

我当时率领中队在明斯特地区进行武装侦察。在 2 号航线上飞行了 17 分钟后，红色 4 号报告说在 1 点钟方向约 6 英里处有两架敌机出现。我推算了一下，敌机可能正位于明斯特上空。我打算拦截并调查一下这两架敌机的情况，此时它们位于我们编队前方，在向东飞行，距离我们 2000 码。通过目视我们已经看到了两个引擎和黑十字，从而确定其是敌机。我不断驾机靠近，在距离其中一架敌机 150 码的地方发射了炮弹。在整个飞行过程中，敌机都没有采取任何规避动作。我看到它的左舷引擎和驾驶舱被炮弹击中。只见它的左舷引擎中喷出了火焰，座舱也在解体。为了避免碰撞，我关闭了发动机。最后我看到敌机正在螺旋下坠，并喷出了滚滚黑烟。这个区域的云层高度为 2000 英尺。当第一架敌机坠入云层时，我开始向东飞行，看到另一架敌机仍然在我前面 2000 码的地方直线飞行，高度为 5000 英尺。我迅速驾驶飞机赶到敌机后方 100 码处并按下炮钮，两秒钟后，我在距离目标 25 码处脱离攻击，以免相撞。第二架敌机的左舷引擎和驾驶舱与机身分离，碎片飞了出来。接下来，我看到敌机以 30 度的角度向云层俯冲，又遭到另一架"暴风"攻

击。从随后的战斗报告来看，这架敌机可能也被我们摧毁了。当时很难正确识别这两架敌机的具体型号，但从情报部门提供的识别轮廓来看，它们后来被确定为 He 219。因此，我个人击落了一架 He 219，并且共同击落了另一架 He 219（我的座机没有安装照相枪）。

被击落的 He 219（工厂编号 290019，机身号 G9+MK）来自第 1 夜间战斗机联队第 2 中队，由库尔特·费舍尔（Kurt Fischer）少尉和无线电员赫尔曼·鲍尔（Hermann Bauer）中士驾驶。8 时 35 分，雷肯费尔德（Reckenfeld）镇的居民目睹了坠机事件，他们试图营救费舍尔，但未能救出他，他在燃烧的残骸中烧死。鲍尔设法从受损的战机中弹射出来——几乎可以肯定的是，这就是摩尔所描述的"驾驶舱解体"，因为当时还没几个人见过弹射座椅，不过，鲍尔还是因为在撞到地面时受伤过重而丧生。第二架 He 219 的身份是未知的，但是根据摩尔和其他人提交的报告，表明它遭受了相当严重的损坏。

同一天的 17 时 05 分，第 1 夜间战斗机联队第一大队的技术官恩斯特·豪斯多特（Ernst Hausdort）向亨克尔技术总监卡尔·弗兰克发送了以下电报，汇报了 He 219 襟翼的问题：

飞行员驾驶 He 219（工厂编号 290009）飞机准备着陆（昼间着陆）时，在襟翼和起落架放下的情况下，飞机突然转向左侧，同时开始翻滚。飞行员迅速行动，立即收起襟翼，发动引擎，避免了飞机坠毁。最后，技术人员发现是由于左连杆（零件号 433066）上的铆钉被左外挡板的杠杆（零件号 330）切断了。当左外襟翼自动回到零位置时，出现了危险的飞行状况。我认为工厂使用的铆钉没有达到规定的强度，作为动连杆附件的强度太弱。请注意，在连续工作 5 个

小时后，He 219 A-2（工厂编号 290014）出现了同样的问题。由于这种情况是对飞行安全的巨大威胁，因此绝对有必要尽快改进。

## 1944 年 11 月 30 日至 12 月 1 日

当晚，第 1 夜间战斗机联队第 1 中队的弗兰茨·弗兰肯豪泽中士和欧文·法比安（Erwin Fabian）三等兵驾驶的 He 219（工厂编号 290061，机身号 G9+CH）在明斯特-汉多夫最后降落时被击落。第一大队的记录如下："弗兰茨·弗兰肯豪泽中士和欧文·法比安三等兵机组被敌军战斗机击落。两人双双阵亡，并以军事礼仪安葬在洛克海德公墓。"袭击者的身份尚不清楚，但很可能是当晚对杜伊斯堡展开大规模袭击行动的皇家空军蚊式战机中的一员。当天的夜晚月亮又大又圆，500 多架英军重轰对杜伊斯堡发动了突袭，但并没有遭到第 1 夜间战斗机联队第一大队的拦截，该部队的战争日志报告说："由于天气恶劣，我们无法阻挡敌军对鲁尔区发动的猛烈轰炸。"这一点得到了施耐德中士的飞行日志的支持，根据记录，当夜他们没有驾机起飞。恶劣的天气加上英国的电子干扰战术有效地蒙蔽了德国的夜间战斗机——当晚损失的 3 架"哈利法克斯"中，有 2 架是在荷德边境上空相撞坠毁的，还有 1 架在多云的杜伊斯堡上空被高射炮击落。

## 1944 年 12 月

1944 年 12 月，轰炸机司令部在 16 个晚上派遣四引擎重型轰炸机深入德国境内展开空袭行动，相继轰炸了哈根（2 日—3 日）、卡尔斯鲁厄（4 日—5 日）、海尔布隆（4 日—5 日）、泽斯特（5 日—6 日）、勒瑙（6 日—7 日）、奥斯纳布吕克（6 日—7 日）、吉森（6 日—7 日）、埃森（12 日—13 日）、路德维希港（15 日—16 日）、杜伊斯堡（17 日—18 日）、乌尔姆（17 日—18 日）、慕尼黑（17 日—18 日）、哥德哈芬（18 日—19 日）、科隆（21 日—22 日、24 日—25 日和 30 日—31 日）、波恩（21 日—22 日和 28 日—29 日）、科布伦茨（22 日—23 日）、宾根（22 日—23 日）、波恩-汉格拉尔（24 日—25 日）、奥普拉登（27 日—28 日）、肖尔文/布尔（29 日—30 日）、特罗伊斯多夫（29 日—30 日）、门兴格拉德巴赫（28 日—29 日）和奥斯特费尔德（12 月 31 日—1945 年 1 月 1 日）。

在这些空袭行动中，英军重型轰炸机总共出动了 7758 架次，损失了 86 架，损失率为 1.1%。相比之下，在 12 月期间，德国空军夜间战斗机部队为保卫帝国夜空出动了 1568 架次的夜间战斗机，声称击落了 76 架敌机，还有 5 个未确认的战果，另外还有 10 架英军重轰被地面高射炮击落。然而，对德军夜间战斗机部队来说，12 月是一个可怕的月份，它们在一个月内就损失了整整 94 架夜间战斗机，还有许多经验丰富的飞行员。

1944 年 12 月对德国夜间战斗机机组来说尤为艰难。从 12 月 16 日开始，冯·伦德施泰特元帅在阿登地区针对盟军发起了新攻势，夜战部队的机组人员多次执行夜间地面攻击任务，每晚都需要飞行两到三架次。由于对地攻击对于夜间战斗机机组而言是一项全新的挑战，损失相当大。许多人死于防空炮火，而长时间的黑暗、持续的低云和结冰使得飞行条件极其危险，事故也很普遍。不过，需要强调的是，德国空军仅仅将那些非专用夜间战斗机，譬如梅塞施密特 Bf 110 和容克斯 Ju 88 投入到阿登战役的对地攻击行动中。亨克尔 He 219 并没有被迫参加支援冯·伦德施泰特的对地攻击行动。这或许有以下几个原因：首先，He 219 是作为一种专门的本土防御夜间战斗机而设计和制造的，它根本没有携带炸弹的能力。但或许更重要的是，He 219 的绝密弹射座椅技术对盟军来说仍然是未知的，因此德国空军高层将前者仅用于在"友军"领土上空执行任务。虽然 He 219 机组人员不用被强迫去执行对地攻击任务，但他们面临着其他致命的危险，因为轰炸机司令部的第 100 大队加强了对帝国的夜间袭击行动。第 1 夜间战斗机联队第一大队在整个 12 月份损失了 6 架 He 219，其中至少 3 架是被第 100 大队的蚊式战机击落的，另外 2 架 He 219 也是在着陆时被前者摧毁的。

第 1 夜间战斗机联队第一大队在 12 月份的损失也创下了年度最高纪录——共有 9 名飞行员在行动中丧生，另有 2 人受伤。而他们的战果仅仅是在 24 日夜间击落了一架"兰开斯特"，这也是 12 月唯一一架被 He 219 击落的敌军轰炸机（12 月最后一天所取得的第二个战果是值得怀疑的）。

截至 12 月 1 日，第 1 夜间战斗机联队第一大队共计剩余 55 架 He 219。由于亨克尔工厂当月向该单位交付了 29 架新飞机，这一兵力数字在本月还会增加。此外，第十夜间战斗机大队第 2 中队和夜间战斗机部队驻芬兰中队也各装备了 1 架 He 219。

## 1944 年 12 月 14 日至 15 日

当夜，第 1 夜间战斗机联队第一大队的沃尔夫冈·托恩（Wolfgang Tonn）中尉和约阿希姆·沃尔夫（Joachim Wolff）三等兵在驾驶一架 He 219（工厂编号 190234，机身号 G9+NH）进行练习飞行的时候，飞机突然失事坠毁，两人双双丧生。托恩和沃尔夫于 22 时 45 分从明斯特-汉多夫起飞，据报道，飞机失事的时候，他们正打算返回基地，结果于 23 时 47 分在基地以北 12 公里处坠毁，事故原因尚不清楚，但这不太可能归因于敌人的行动，因为轰炸司令部和第 100 大队当晚没有在德国上空执行任务。

## 1944 年 12 月 18 日至 19 日

当夜，一架第 1 夜间战斗机联队第一大队的 He 219（工厂编号 190229，机身号 G9+GH）被皇家空军第 157 中队的蚊式击落，并于 22 时 15 分在南洛恩（Sudlohn，位于姆伦斯特以西 50 公里处）附近坠毁。15 分钟前，这架 He 219 从明斯特-汉多夫紧急起飞，以应对英军空中力量对鲁尔-明斯特地区的入侵。然而，事实证明，这次入侵只不过是一次精心设计的佯攻，目的是转移德军对一支前往遥远的波罗的海沿岸哥德哈芬（现在的波兰格丁尼亚）的重轰编队的注意力。这次佯攻得到了包括"轴棒""窗口"等在内的全套电子干扰设备的支持，轻型夜间打击部队的 16 架蚊式战机穿透了德军防空网络，于 21 时 34 分至 21 时 41 分轰炸了明斯特。这一行动引发了德军夜间战斗机部队的强烈反应，其指挥层从包括第 1 夜间战斗机部队第一大队等各支部队中调集了 79 个机组。然而，由于大雾和地面雾霾，起飞被推迟，没有一架德军夜间战斗机成功拦截到敌机。当晚被击落的 He 219 是由赫伯特·舍尔莱因（Herbert Scheuerlein）中士驾驶的。在交火中，舍尔莱因幸免于难，只是脖子受了伤——他在匆忙弹射时忘记拔掉耳机线，导致其差点被喉部麦克风勒死。不过，舍尔莱因的无线电员——汉斯-冈瑟·海因策（Hans-Gunther Heinze）中士就没那么幸运了，第二天，人们发现了他的尸体——降落伞没有打开。击落舍尔莱因座机的是一架蚊式 Mk. XIX 型（MM640，"I"）由威廉·"比尔"·泰勒上尉和杰弗·杰伊·爱德华兹军士驾驶。四天后，当他们试图在斯旺宁顿皇家空军基地降落时，副翼故障导致他们的蚊式战机（TA392）坠毁，两人都当场遇难了。

## 1944 年 12 月 24 日至 25 日

早在三天之前，英军就曾对这座位于尼普斯（科隆）的铁路编组站，也是德军阿登进攻部队的后勤补给线上的一处重要节点发动过打击。在 12 月 24 日至 25 日夜间，这座铁路编组站再次成为轰炸机司令部的攻击目标，共有 97 架"兰开斯特"和 5 架蚊式战机对其发起了轰炸。在这个月夜，英军的攻击目标还有兰格尔机场（位于波恩东北 6 公里），104 架兰开斯特轰炸机在 18 时 31 分至 18 时 44 分之间袭击了该机场。对上述两支编队进行支援的是皇家空军第 100 大队的 86 架飞机，包括 42 架次电子战飞机。英国的入侵引起了德军夜间战斗机管理层的强烈反应，他们派出了 75 架夜间战斗机，其中包括 11 架在 18 时左右从明斯特-汉多夫起飞的 He 219 战斗机，它们均来自第 1 战斗机联队第一大队。

当晚，共有 6 架兰开斯特轰炸机（占攻击力量的 2.9%）未能返回基地，另有 2 架在英格兰本土坠毁（可能是由于恶劣的天气），这是轰炸机司令部在整个 12 月损失率最大的一个夜晚了。英军被击落的 6 架兰开斯特轰炸机中有 1 架是第 1 夜间战斗机联队第一大队的指挥官——维尔纳·巴克上尉的战果，他在 19 时 50 分取得了这次空战胜利。几乎肯定的是，他的受害者是第 622 中队的"兰开斯特"（NF915，GI-U），这也是英军空袭汉格拉尔的空中编队中损失的

唯一一架飞机。几名英军机组人员设法打开降落伞逃离了被击中的轰炸机，然而，包括加拿大空军中尉罗伯特·珀杜（Robert Perdue）在内的四名机组人员在交战中丧生。

海因茨·施特吕宁上尉生于 1912 年 1 月 13 日，1935 年加入德国空军。在地中海战区服役一段时间后，他于 1943 年 5 月被调到第 1 夜间战斗机联队第一大队。1943 年 8 月 15 日，他被提升为第 3 中队的指挥官。施特吕宁上尉驾驶 He 219 取得了 15 次夜间空战胜利，他的猎物中还包括 2 架蚊式战机。

当晚在战斗中阵亡的还有第 1 夜间战斗机联队第 9 中队的指挥官——海因茨·施特吕宁上尉，他也是一位橡叶骑士十字勋章获得者。当时，施特吕宁上尉驾驶的 Bf 110 G-4 在科隆附近遭到英军袭击，他设法从燃烧的飞机中爬了出来，却因与机尾猛烈撞击而当场丧生。他的尸体直到两个月后才被发现。袭击者是一架来自第 157 中队的蚊式 NF Mk. XIX 型战机，由"多莉"多尔曼和"邦尼"邦奇驾驶。阵亡的时候，32 岁的施特吕宁上尉已经取得了 56 次夜间空战胜利，最后 15 次胜利都是驾驶 He 219 取得的（从 1944 年 5 月 1 日持续至 7 月 19 日）。

## 1944 年 12 月 26 日至 27 日

1944 年 12 月 26 日，英军破译的一份德军公报显示，两架 He 219（工厂编号 310109 和 310113）正位于帕尔希姆（亨克尔罗斯托克工厂西南 70 公里处）。第二天，德国空军的一份报告也被破译了，这份报告来自德国空军第 11 军

区，按飞机类型进行了罗列："帕尔希姆，40 架飞机，包括：12 架 Ju 88，12 架 He 219，9 架 Me 262"，英国人在脚注中补充道："提到 He 219 意味着第 1 夜间战斗机联队的训练人员现在正在这里。"

# 第 3 节　困兽犹斗

## 1945 年 1 月

1944 年的最后两个月，共有 73 架最新的 He 219 交付给第 1 夜间战斗机联队第一大队，几乎和之前 10 个月交付的数量一样多。但这时已经太迟了，它们对战局已经无法发挥作用了，因为根本没有足够的飞行员和合格的机组人员来驾驶这些新战机。即使可以为它们配备足够的机组，德国境内不稳定的燃料供应状况也意味着飞行任务正面临越来越多的限制。自 1944 年秋季以来，纳粹德国的战略形势稍有缓和，但 1945 年 1 月又出现了新的紧急状况，导致燃料优先分配给东线，因为东线需要燃料来对抗大踏步前进的苏联红军。1944 年至 1945 年的冬天，德国空军更加依赖于经验丰富的夜间战斗机机组，即所谓"王牌机组"（Spitzen besalzungen）。随着战争的进行，在夜间行动中，通常也只有"王牌机组"有资格继续升空作战了。

整个 1944 年，第 1 夜间战斗机联队第一大队都是唯一一支装备 He 219 的部队。然而，到了年底，随着 He 219 的交付速度开始加快，德国空军开始将其他部队的装备转换为亨克尔夜间战斗机。1945 年 1 月，第 3 夜间战斗机联队第一大队也开始为装备 He 219 做准备，1945 年 1 月初英军截获的通讯显示，在帕尔希姆、路德维希斯卢斯特和格罗夫机场，德军启动了一系列与转换装备有关的行动。然而，后来 2 月和 3 月的作战报告（Flugbucher）表明，第 3 夜间战斗机联队第一大队换装 He 219 的速度非常缓慢，

阿夫罗·兰开斯特重型轰炸机于 1942 年初进入英国皇家空军轰炸机司令部服役。到战争结束时，已经建造了 7000 多架。除了这张照片是在白天拍摄的之外，这张照片的视角是典型的德国夜间战斗机飞行员视角，后者惯于从后方接近轰炸机并从低空攻击其机翼油箱，因此德军夜战飞行员看到的情景也很可能就是这样。

因此，在此期间所有的战斗飞行任务都是由容克斯Ju 88夜间战斗机执行的。

1945年1月，轰炸机司令部派遣的重型轰炸机总共在德意志帝国上空执行了6570架次夜间作战飞行任务，损失了116架飞机，损失率为1.8%。由于恶劣的天气条件，更多的飞机是在英国降落时坠毁的。1944年至1945年，欧洲经历了有史以来最严酷的冬天之一，气温连创历史新低，大雪纷飞。气象条件也影响了北海上空的空中行动，在恶劣的天气条件下，德国空军夜间战斗机部队不断失去人员和装备。在1月，夜间战斗机部队为保卫帝国夜空飞行了1058架次，并取得了100个确定战果和13个疑似战果。当月，德国损失了39架夜间战斗机，另有8架失踪，其中一些夜间战机是在为地面部队提供近距离支援时损失的。

截至1月1日，第1夜间战斗机联队第一大队剩余66架He 219。夜间战斗机部队驻挪威中队剩余1架He 219。没有任何证据表明He 219在这一天参加了德国空军的"底板行动"。

1945年1月16日，奥托-海因里希·弗里斯少尉的座机（He 219A-2，G9+EK）被一架皇家空军蚊式战机击落，以下是他的回忆：

1945年1月16日，我们驻扎在明斯特-汉多夫夜间战斗机基地。当时我们执行的作战任务都是希望渺茫且令人沮丧的，而且极难取得战果。甚至在战斗机驾驶舱准备就绪的命令到来之前，敌军赶来发动例行空袭的"远程战斗机"的噪音就在基地周围响起来了。当你听到劳斯莱斯引擎的声音，那种典型的嗡嗡声时，你就知道在最多在半小时之内，你就会被迫搭车前往机场跑道。

搭乘公共汽车前往战机旁边时，一路上，飞行员们都鸦雀无声。每个人的思想都在挣扎，尽管需要努力为即将到来的作战任务做准备，但脑海中总是浮现出最难缠的敌人——蚊式战机，我们的夜间战斗机经常成为它们的猎物。到目前为止，我们还没有想出任何对策来对付这种战机。爬进亨克尔战机，背上橡皮艇和降落伞，戴好头盔和喉部麦克风，系上安全带，这一过程也是在令人压抑的寂静中完成的。然后是忐忑不安的等待阶段，我们称之为"恐惧之巅（great blue funk）"。

此时，机场人员突然发射了红色信号弹，这代表"驾驶舱准备就绪取消"。随后，公共汽车前来接机组成员，并径直开回指挥所，此时，车内陷入了喧嚣——飞行员们内心蕴含的巨大压力陡然消失了，让位于一种勉强的欢愉。战斗中止了，我们又一次幸免于难！不过，如果发射了绿色信号弹，那就意味着我们要立即升空作战。这种不知何时爆发的战斗，令我们陷入极度的惶恐不安。不过，当战机终于起飞，马达带着脉动的节奏嗡嗡作响时，所有的不安都被遗忘了。尽管处境艰难，但夜间战斗飞行还是能够激发我们的冒险精神。

目前，第1夜间战斗机联队第一大队的兵力已经缩减到仅有12个机组——几乎比一个中队的兵力还少。通常只有不到10架战机能在夜间出击，其中一半要么在起飞后立即返回，要么在接下来的半小时内由于故障或技术问题被迫降落。在大多数情况下，这些战机都是由于机载电子设备出了故障而提前中断任务的。实际上，它们被安置在机场边缘或周围树林的伪装防爆棚里，并没有受到风雨、冰雪和霜冻的影响。而且，我们每隔两三天就会进行一次维护测试飞行，以"让战机把水抖干净"，但凝结的小水珠还是会积累起来，导致电气设备中出现越来越多的短路或不良接触，或导致其他重要设备出现故障，特别是无线电和雷达设备。

在战争的第五个冬天，很显然，这些设备的电线不再是用最好的材料制成的了。当"雕鸮"起飞，起落架收回时，有时候飞机上的机炮会突然开火，而且无法通过启动适当的断路器来停止它们，只能等弹药打光。反之，在对敌人轰炸机展开攻击时，当按下控制栏上的按钮时，机炮却毫无反应，而是亮起了着陆灯。经历了这一切的飞行员回忆道："我以前从来没有如此窘迫过，但显然英国佬也被吓坏了，他忘了按炮钮。我的运气真好！"同样令人沮丧的是敌人夜间战斗机的数量和质量俱佳。尤其是后者，蚊式是一种杰出的战机，其夜战型号装备的"顶针"雷达更是无与伦比的，而相比之下，在战争的这个阶段，德国夜间战斗机装备的SN-2型雷达经常失灵。我们每个人每周都会遇到这样的问题。不过，我们机组人员的伤亡相对较低，因为He 219安装了弹射座椅，这使得弃机逃生成为一件简单的事情(假设机组成员没有被子弹击中的话)。拉动熟悉的红色控制杆，飞行员和无线电员就会立即离开飞机(分别需要90和60个大气压)。

在1945年1月的那个晚上，大约19时，第一大队的飞行员们接到了起飞的命令——当晚天气异常寒冷，积雪也极深厚。8架He 219战机从明斯特-汉多夫机场起飞，在地面控制系统的引导下扑向敌人。

地面控制员在无线电中说道："磨盘呼叫鹰98号，航向109，高度45。"无线电员斯塔法技术军士回复："收到，航向109，完毕。""但不要前往那个高度，"飞行员弗里斯少尉插话道，"那里潜伏着太多的蚊式战机。"

弗里斯调整仪表，驾驶飞机转向指定的航线，并尽快爬升到9000米的高度。从纯粹的飞行角度来看，这是一个非常不舒服的高度。随着空气压力的降低，弗里斯对飞机的控制力也

在下降：它现在不能说是在飞行了，而更像是在打滚。事实上，飞机每转一个弯就会立即失去高度，根据垂直速度指示器显示，其高度下降速度为每秒7到8米。但另一方面，在这个高度上，我们是绝对安全的。在执行空战任务时，蚊式通常在2000米到3000米的高度飞行。它们的"顶针"雷达可以监测上方的锥形区域，因此，对我们而言，最危险的高度是在3000米到6000米之间。高空飞行还为了我们提供另一种额外优势：如果发现了敌军重轰编队，就有可能通过俯冲将高度转化为速度，并迅速与敌人靠近。而敌军来袭的轰炸机编队通常在4000米到5000米的高度飞行。

此时，飞行员们对空中的敌情尚不清楚。他们只是根据地面指示来到这一空域——大部分时间停留在鲁尔区东部。与地面控制中心的无线电通讯异常糟糕。只要无线电员跟地面站说上十个单词，干扰就开始了。因此，与控制中心的无线电联络仅限于最简短的信息。

当He 219在科隆东部或东北部的某个地方上空飞行时，氧气设备突然失灵了，弗里斯立刻注意到了，他毫不犹豫地关上油门，让飞机陡然俯冲。他很清楚，在这一高度，他最多两到两分半钟就会死去。斯塔法被突如其来的俯冲吓得大叫起来："发生什么事了?!"弗里斯告诉他氧气系统故障，而且他宁愿下降到1000米到1500米的高度，以便进入蚊式战机的下方。

斯塔法喊道："不要降得太低。飞机上的无线电接收机大部分无法使用了，咱们飞得越低，就越难进行定位。待在4000米高度，直到我搞清楚我们究竟在哪里，再告诉你明斯特基地在哪里。然后你就可以随心所欲了。"当高度表显示3000米时，弗里斯把战机调平，调整好方向，朝北驶去。基地应该在偏北的某个地方。

弗里斯很清楚，他现在所处的高度一定有

很多蚊式战机。根据他自己击落敌机的经验，他想出了一个特殊的防御手段来应对这种紧急情况：使用秒表，他按预定的航向飞行 3 分钟，然后就突然改变航向，再周而复始。他知道，夜间战斗机通常需要 3—4 分钟才能进入射击位置，或者在攻击前降低速度以与目标相匹配。在直线水平飞行 3 分钟后，弗里斯做了一个 30 到 40 度的仪表右转，以模拟正常的航向改变。（如果他当时正在追击敌机，就会向左转向，等待这一明显的航向改变完成后就会发动进攻。）弗里斯喊道"现在！"——指示他的无线电员斯塔法扫描战机后方的空域，与此同时，前者突然将飞机从右浅转弯拉到左急转弯。斯塔法应该能发现任何一架正在他们后方严阵以待、准备进攻的蚊式战机。出乎意料的快速改变航向会令蚊式很难瞄准，即使英军飞行员被目标的突然移动吓了一跳，作为反射动作按下炮钮，子弹也肯定不会击中目标。

他们继续向北前进，每隔 3 分钟就要重复一次防御动作。斯塔法一直在试着调一台未受干扰的无线电接收机，以便确定方位。经过几次尝试，他成功地从东艾菲尔德（East Eifel）的一座强大的无线电信标上获取了交叉方位。然后他又试图接收明斯特-汉多夫的无线电信标。就在又一个 3 分钟即将结束时，弗里斯通知他要开始下一项飞行动作了。

"等一下。我刚联系到汉多夫，再等几秒钟。""快点！"弗里斯催促道。然而，刚过了 30 秒钟，爆炸就震撼了整架飞机。控制杆从弗里斯手中被扯了下来，啪的一声，他头盔耳机里的声音也消失了。对讲机坏了。

"敌军远程夜间战斗机！"斯塔法尖叫道。在发动机的轰鸣声中，弗里斯听不见，但他不需要别人告诉他发生了什么。随后他看到一架蚊式战机正从右侧飞过他的座机，大约高出 20

米。"真是个业余选手，"他心想，"这个英国佬大概从来没听说过'平衡机动速度'（equaliz-maneuing speed）。现在我要让你感受下被击落是什么滋味。"弗里斯用左手拨开了武器保险。随后，他用右手去握住操纵杆，准备用食指去按发射按钮。不过，当弗里斯试图抬起座机的机头，把蚊式放进准星中时，他意识到控制装置是绵软无力的。他可以像钟摆一样前后移动操纵杆，而飞机不会产生任何反应。控制飞机升降舵的电缆显然在敌军突袭的时候被切断了。幸运的是，副翼还完好无损。

"雕鸦"开始倾斜。它先爬升，失去速度，然后失速。在这个过程中，它又恢复了速度，于是又开始了这一循环。弗里斯试图用油门来补偿这种不受控制的上升下降，但收效甚微。然后他尝试使用平衡翼（trim tabs），然而，它们还是无法工作，因为控制电缆已经被切断了，弗里斯意识到他已经无法驾驶这架飞机着陆了。他们必须在某个地方摆脱困境，但弗里斯希望尽可能地推迟弹射。因为他驾驶飞机在空中停留的时间越长，他们距离家乡的机场就越近。"雕鸦"继续飞行，高度逐渐下降。当高度表的指针指向 1000 米时，弗里斯知道跳伞的时机来了。他关上两个油门，冲着一片寂静的暗夜喊道："出去—出去！"这时，飞机立即陷入了失速状态。弗里斯再次向前猛推油门杆，使飞机保持水平。随后，他打开了弹射座椅的安全杆，把脚放在"马镫"上，然后断开喉部麦克风，摘下头盔，把脖子上挂着手电筒的绳套从头上扯下来，让手电筒掉到驾驶舱里。不过，危急之际，绳子挂在了他的头上——这造成了问题。弹射后，当他被气流甩来甩去时，他的眼睛很可能被这条绳子给抽肿了。

在完成弹射的准备工作后，弗里斯抛弃了座舱盖，突然听到了一声巨响——这表明斯塔法已经弹射出了飞机。当他听到这个响声时，便立即用拳头猛击弹射座椅的发射按钮，然后就被压缩气体猛地喷出了飞机。弗里斯想降落到距离斯塔法尽可能近的地方。但下面又黑又冷。地面积雪很厚，谁也说不准他究竟在什么时候、什么地方降落，也不知道斯塔法是否需要帮助。气流立即包裹住了弗里斯，把他抛来抛去。他解开安全带，从座椅上分离出来，然后等了几秒钟后，拉了拉降落伞把手。当降落伞打开时，弗里斯立刻从"海峡"套装长裤（Channel Pants）的右口袋里掏出信号枪，再从他皮靴靴筒上系的弹药带里取出一枚降落伞照明弹。这枚装有镁粉的照明弹发出了耀眼的强光，弗里斯看到了自己上方的降落伞——看起来只有手帕大小，还看到斯塔法的降落伞就位于自己的右侧。风带着降落伞慢慢地越过一片白雪覆盖的森林，向一座村庄周围的一块圆形空地飞去。

弗里斯又发射了两枚降落伞照明弹，把着陆地点照得铮明瓦亮。飘过空地最狭窄的区域的时候，他看到自己正在向一棵高大的冷杉树飘去，而在他的身侧是一棵落叶树。他突然想到，从落叶树上爬下来要比冷杉树容易多了。于是他伸出双臂，把降落伞绕了一下，然后拉下左侧的降落伞安全带——上面系着16根降落伞绳（一共32根）。于是，降落伞向左侧飘去。弗里斯希望自己直接降落在空地上，但是他判断略微失误，降落伞滑得太偏左了。他解开了吊带，希望风能把他带回到空地上。但是树枝在他的重压下折断了，他被吊在一棵高大橡树的树冠中央。他的丝绸降落伞覆盖在树冠上，像一朵巨大的白花。这是他的第三次伞降，也是有史以来"最软"的一次着陆。

弗里斯荡到最近的一根树枝上，站稳后，他拉下快速释放手柄，并松开降落伞安全带。

这时，之前发射的降落伞照明弹已经熄灭了，他又向空中发射了一枚。在强光照耀下，他看到自己所在的橡树矗立在一个小山谷陡峭的河岸上。下面有一条小溪，小溪旁边有一条狭窄的小路，这条路穿过一座桥，直接通向村子。斯塔法正顺着小路向村子中央走去。当弗里斯发射照明弹时，他听到后者喊道："快到村子里来——但是要小心，不要掉进小溪里！"

弗里斯从一根树枝下到另一根树枝，慢慢地从树上爬下来。他的右膝盖痛得厉害，似乎肿了起来。一定是受了什么伤，但他不知道自己受了什么伤，也不记得是什么时候受的伤。他爬到最后一根树枝时，环顾四周，发现自己仍然距离地面很高。而且，粗壮的树干似乎也不太适合攀爬。他从背上取下橡皮艇，拧开装着压缩空气的小瓶子，把橡皮艇吹起来，让它顺着树干滑到雪地上。"有个垫子在下面摔倒也无妨。"他想，不过，一想到要拖着受伤的膝盖爬下来，他就很担心。最后，弗里斯想到了自己遥远的祖先，按照达尔文的说法，他们一定是卓越的攀登者——猴子，于是他开始往下爬。他用胳膊和腿紧紧抱住树干——膝盖剧痛难忍——然后慢慢地往下滑。幸运的是他的飞行手套还在。当弗里斯往下滑的时候，他突然想到刚才忘了做一件事：他应该把自己的救生衣也充上气，然后把它也扔下去。用来给救生衣充气的压缩空气瓶就挂在他的左胸前。当弗里斯滑下来时，他感觉气瓶受到了摩擦，但他仍抱有侥幸心理："希望它能保持原状。"但一切都太迟了。当他继续向下滑的时候，突然听到了嘶嘶的声音！由于不断与粗糙的树皮相摩擦，压缩空气瓶的阀门自己打开了，并给他的救生衣充了气。弗里斯胸前的两个气囊突然膨胀起来，把他的身体推离了树干。他的胳膊和腿再也抓不住树干了，像电梯一样掉了下去。所幸的是，厚厚的积雪和提前放下去的小艇缓和了撞击的力道。

弗里斯跟跄着走下了溪岸，厚厚的积雪没过了他的皮靴。斯塔法正在桥上等他。桥那边是一家旅店。他们敲了敲门，然后被请了进去。原来他们来到了一个叫做拉格根贝克（Laggenbeck）的村庄。

村民们一直很担心：他们听到附近响起了飞机的轰鸣声，听到了信号枪的噼啪声，最后又看到了一棵充满烟火的"圣诞树"。由于害怕遭到空袭，大多数村民逃进了地下室。现在他们兴高采烈地走了出来——一名德军飞行员和一名无线电员被他们围在了中间。

弗里斯和斯塔法从旅馆打电话给指挥所，汇报了自己的下落，然后被带到一个农舍，在那里，他们享受到了王子般的款待。第二天一大早，一辆汽车来接他们，把他们送回了部队。弗里斯的膝盖肿得很厉害，他不得不撕开制服马裤的裤缝。然而，这并没有阻止他们继续在夜间升空作战。

## 1945 年 2 月

1945 年 2 月，轰炸机司令部的重型轰炸机共针对德国境内的目标执行了 9088 次夜间作战任务（比前一个月增加了 38%），共损失了 160 架飞机，损失率为 1.8%。但 2 月 3 日至 4 日以及 2 月 21 日至 22 日夜间的损失更大一些，分别有 3.5% 和 4% 的重轰未能返回基地。轰炸机司令部当月的首要目标是攻击德国的合成汽油/燃料生产工厂，其中许多工厂位于鲁尔地区，也在装备 He 219 的第 1 夜间战斗机联队第一大队的保护之下。为了打击德国的燃料生产，轰炸机司令部对下列目标执行了超过 3800 架次的打击任务（包括昼间和夜间行动）：位于盖尔森基兴的北方合成石油工厂（4—5 日和 28 日）；阿尔玛布鲁托苯工厂（23 日和 27 日）；汉莎苯厂（3 日—4 日）和赫氏苯/燃料工厂（26 日）——两者均位于多特蒙德，万纳艾克尔的克虏伯炼油厂（2 日—3 日，7 日和 8 日—9 日）；位于杜塞尔多夫的雷诺尼亚的沃萨格炼油厂（20 日—21 日）；位于博特罗普的普罗斯珀苯厂（3 日—4 日）；波利茨/什切青（8 日—9 日）；奥斯特费尔德（4 日—5 日和 22 日）；布鲁克豪森（1 日—2 日）；卡门（24 日、25 日）；位于马格德堡的布鲁克豪森石油工厂（13 日—14 日）；位于波伦（13 日—14 日）和罗西茨（14 日—15 日）的褐煤-汽油合成石油工厂。然而，这些空袭的风头都被规模空前的"霹雳行动（Operation Thunderclap）"给掩盖了，2 月 13 日至 14 日夜间，德累斯顿被英军空袭摧毁，数万人死亡，这一事件在几十年后仍然能引起人们的争论。

对于德国空军夜间战斗机部队来说，2 月份的战绩出现了短暂的上升，而与之相反的是，夜战部队在西欧上空为保卫帝国而进行作战飞行的架次下降到了 838 架次，比 1 月份下降了 20% 以上。这一结果是许多因素造成的，包括更有效地部署了夜间战斗机部队和使用了更优秀的机组人员。夜间战斗机架次的减少也表明了此时帝国内部的燃料状况正陷入十分危险的境地。这一点在 2 月下旬对飞机着陆前后的滑行作出限制时表现得尤其明显——飞机在机场的移动必须由机动车辆来完成。

2 月份，德国空军夜间战斗机部队损失了至少 47 架夜间战斗机，其中包括几架 He 219。有 8 架 He 219 不同程度地损毁（程度从 20% 到 60% 不等）并且没有证据显示它们在战争结束前被修复并重新服役。值得注意的是，在 2 月份没有任何一位 He 219 机组人员阵亡，这清楚地表明

He 219（工厂编号 290004，机身号 G9+DH）于 1945 年 2 月 12 日晚降落在帕德伯恩时遇到障碍物，造成 40% 的损伤。随后，它一直留在该地，直到被撤退中的德军炸毁。如图所示，该机的残骸被美军拍摄了大量照片，并成为美军于 1945 年 5 月 10 日发布的技术情报报告的主题。

新的弹射座椅逃生系统正在实现它的设计初衷，至少有一名后座无线电员在他的座机被敌人火力击中而失灵的情况下，幸运地利用弹射座椅逃生了。

## 1945 年 3 月

　　尽管德国空中防御部队所面临的战争形势迅速恶化，然而，1945 年 3 月，轰炸机司令部在德国上空执行的夜间作战任务中仍然损失了多达 161 架重型轰炸机，德国空军夜间战斗机部队证明了它依然是一支强大的力量。在这个月里，英军重型轰炸机针对德国境内的目标执行了 6640 次夜间作战任务，损失了 161 架飞机，损失率为 2.4%，这是自 1944 年 8 月以来的最高损失率，是 1944 年 10 月损失率的三倍。

当轰炸机司令部的重型轰炸机编队承受了来自德军夜空守卫者的全部火力时，英国皇家空军的"木制奇迹"——德·哈维兰蚊式战机，继续在帝国上空活跃。从 2 月 20 日至 21 日到 3 月 27 日至 28 日夜间，德国首都柏林连续 36 个夜晚受到轻型夜间打击部队派出的蚊式战机的袭击。该部队在这段时间内出动了超过 2160 架次的蚊式战机，只损失了 11 架——惊人的低损失率（0.5%）再次证明了防御者对抗这些难以捉摸的突袭者是有多么困难。

不过，对于第 1 夜间战斗机联队第一大队的 He 219 来说，1945 年 3 月是一个惨淡的月份。该大队在整月只击落了 2 架"兰开斯特"，

而全体 He 219 战斗机也仅仅击落了 6 架英军重轰。与此相对应的是有两架 He 219 被击落，其机组成员均受了轻伤。不过，第一大队在本月末遭遇了更为严重的挫折，由于连续遭到了猛烈轰炸，前者被迫放弃了自己在明斯特-汉多夫的基地，3 月 29 日，来自第 1 夜间战斗机联队第四大队的一架 He 219 被击落，两名机组成员阵亡。

1945 年 1 月初的报告显示，第 3 夜间战斗机联队正在换装 He 219。然而，到了 3 月份，几乎没有证据表明换装工作已经按原计划进行。1945 年 2 月至 4 月（包括 4 月本身），第 3 夜间战斗机联队仍然在使用容克斯 Ju 88 执行战斗任

He 219（G9+VL，"黄 5"号）在 1945 年 3 月下旬盟军对明斯特-汉多夫空军基地的空袭中受损。其尾部标记"116"证明这架飞机的编号为 211116 或 290116（几乎可以肯定是前者）。这张照片有趣的地方有两点：1. 早期风格的机身十字；2. 机翼下表面被漆成了 RLM 22 黑色。看起来引擎在飞机被撤退的德军炸毁之前就被拆除了。

务。显然，第 3 夜间战斗机联队第一大队并没有将 He 219 投入前线，这可能源于这样一个事实，即该部队的机组人员已经习惯了他们夜间战斗机的三人机组，因而强烈反对 He 219 的双座布局。而且，在这个时候，德国空军正在为抵御不断前进的敌军地面部队而搜刮人员，因此，似乎许多机组出于战友忠诚/同志情谊考虑，也不希望失去一名机组成员——如果他被调往地面部队的话，几乎是必死无疑的。

## 1945 年 4 月和 5 月

西方盟军在 3 月底渡过了莱茵河。4 月 19 日，他们到达了丹嫩堡（Dannenberg）附近的易北河，五天后在柏林以西几公里处的瑙恩（Nauen）与苏军会师。盟军的快速推进实际上使得德国被一分为二，绝大部分德国守军被围在石勒苏益格-荷尔斯泰因地区的北部口袋，以及巴伐利亚和奥地利周围的南部口袋内。柏林在 4 月 20 日至 21 日的晚上被 76 架蚊式战机分六波轰炸，这也是轰炸机司令部对德意志首都的最后一次空袭，随后这座城市被留给了苏联红军，他们正摩拳擦掌，准备对其发动最后的地面进攻。

3 月初，面对日益严重的燃料短缺和迅速恶化的战争局势，德国空军最高司令部公布了对现有夜间战斗机部队编制进行重大改革的方案。该方案于 1945 年 4 月生效，包括解散现有的 17 个夜间战斗机大队——将 88 个作战中队减少至 37 个，每个中队下辖 16 架战斗机（16 架是中队兵力的上限，然而在实践中，各中队的兵力有所不同）。被裁减的夜战飞行员将被调转到装备喷气机的昼间战斗机部队（Jagdgeschwader）或伞兵部队中，而非必要人员将作为步兵被重新分配到帝国的地面防御部队中，现在正迫切需要

组织一切力量来阻止盟军向德国心脏地带推进。对于第 1 夜间战斗机联队第一大队来说，这次重组意味着装备 He 219 的第 1、第 2 和第 3 中队被合并为一个单独的作战中队，因此第一大队实际上变成了第 1 中队。

在欧洲战事结束前的最后几周内，德军夜间战斗机部队被大量投入到对地攻击行动中，导致许多年轻飞行员阵亡。不过，如前文所述，这些飞行任务多由 Bf 110 和 Ju 88 夜间战斗机执行，因为它们最初的设计当中就包含这一选项。而作为一种专门的本土防御夜间战斗机，没有证据表明 He 219 曾经扮演过攻击机的角色。自 1943 年夏天，He 219 投入前线服役以来，唯一曾经大量使用 He 219 的部队是第 1 夜间战斗机联队第一大队。但到了 1945 年 4 月，装备 He 219 部队的数量开始陡增，包括和第 3 夜间战斗机联队第一大队以及第 5 夜间战斗机联队第三大队（1 月初的报告显示，当时第 3 夜间战斗机联队第一大队就准备换装 He 219）。照片记录也表明第十夜间战斗机大队在 1945 年至少还残留了 1 架 He 219。1945 年 3 月 29 日一架 He 219 的损失报告表明，第 1 夜间战斗机联队第三大队和第四大队似乎也装备了 He 219。关于 He 219 装备数量的确凿证据通常可以在 1945 年的《飞机库存和分配报告（Flugzeugbestand-und-bewegungsmedungen）》中找到，但这些报告似乎在帝国元帅赫尔曼·戈林的指示下被销毁了，以防止它们落入盟军手中。因此，在欧洲战争的最后几周，He 219 的装备情况是无法确定的。尽管如此，很明显，第 1 夜间战斗机联队第一大队是唯一一支在 1945 年成建制利用 He 219 执行作战任务的部队。事实上，除此之外，在整个 1945 年，只有夜间战斗机部队驻挪威中队的那架孤零零的 He 219 曾经执行过一两次作战任务。没有证据表明任何其他前线部队利用 He 219 执行过作战任务。现有

证据表明，第 3 夜间战斗机联队第一大队继续使用他们的 Ju 88 G 夜间战斗机，直到 4 月下旬作战行动完全停止为止。

根据 4 月 1 日晚上德军航空军团的报告，下列部队装备了 He 219：

1. 第 3 夜间战斗机联队第一大队：共有 61 架夜间战斗机（混装 Bf 110、Ju 88 和 He 219）；

2. 第 5 夜间战斗机联队第三大队：共有 37 架夜间战斗机（混装 Bf 110、Ju 88 和 He 219）；

3. 第 1 夜间战斗机联队队部中队：共有 27 架夜间战斗机（混装 Bf 110、和 He 219）；

4. 第 1 夜间战斗机联队第一大队：共有 12 架夜间战斗机（全部 He 219）。

当时，第 1 夜间战斗机联队第一大队正在向新基地——韦斯特兰（Westerland）搬迁的过程中，但新基地的燃料储备远远低于维持该大队作战行动的最低水平。当时的作战日志表明，由于燃料紧缺，战机根本无法从韦斯特兰起飞执行任务。

4 月 10 日，第 1 夜间战斗机联队第一大队发送了以下报告，列出了机组成员的新无线电呼号：

| 无线电呼号 | 飞行员姓名 |
| --- | --- |
| 10 | 巴克上尉 |
| 11 | 莫德罗上尉 |
| 12 | 泽勒中尉 |
| 13 | 奥洛夫中尉 |
| 14 | 海姆少校 |
| 15 | 空军上尉瑞瑟奎伊尔伯爵（Graf Alexander Resseguier） |
| 16 | 席尔马赫尔（Schirrmacher）上尉 |
| 17 | 图尔纳中尉 |
| 18 | 弗里斯少尉 |
| 19 | 博塞尔曼上尉 |
| 20 | 西本（Sieben）军士长 |
| 21 | 奥珀曼技术军士 |
| 22 | 恩斯特技术军士 |
| 23 | 黑伦中士 |
| 24 | 亨宁中士 |
| 25 | 舍尔林中士 |
| 26 | 索罗技术军士 |
| 27 | 拜尔斯道夫中尉 |

第二天，当盟军情报部门解密这篇报告时，下面标注道："消息来源可能来自韦斯特兰。"

根据 4 月 12 日晚上德国航空军团的报告，下列部队装备了 He 219 战斗机：

1. 第 5 夜间战斗机联队第 7 中队（前第 5 夜间战斗机联队第三大队）：共有 16 架夜间战斗机（混装 Ju 88 和 He 219）；

2. 第 1 夜间战斗机联队队部中队：共有 28 架夜间战斗机（混装 Bf 110 和 He 219）；

3. 第 1 夜间战斗机联队第一大队：共有 22 架夜间战斗机（全部 He 219）。

## 最后的日子

1945 年 4 月，盟军在欧洲战场上投入了一种可怕的新武器——凝固汽油弹，这是一种高度易燃的液体凝胶，可以装入油箱内利用低空飞行的战机投掷。在战争的最后几天，皇家空军第 100 大队对德国西北部的几座德国空军机场实施了凝固汽油弹攻击，行动代号"火刑（Firebash）"。韦斯特兰机场在 5 月 2 日至 3 日夜间遭到凝固汽油弹攻击，当时皇家空军第 515 中队执行了他们在战争中的最后一次战斗任务。

虽然德国空军基地的受损程度尚不清楚，但已知的是，其中一架攻击者被机场防御火力击中，即由约翰逊少尉和托马森军士驾驶的蚊式战机，在被地面火力击中后，这架蚊式战机失去了一个引擎的动力，但还能够勉强返回伍德布里奇的皇家空军基地。

4 月 30 日，第 1 夜间战斗机联队第一大队收到了解散的命令，德国空军指挥层打算让所有前线中队人员前往石勒苏益格和胡苏姆，以作为步兵参加最后的战斗。但最终，在这些"空军步兵"到达胡苏姆之前，战争就已经结束了。5 月 5 日，德国西北部、荷兰和丹麦的所有德军部队向前进的盟军投降。三天后，纳粹德国无条件投降，所有德军部队都放下了武器。

He 219 在 1943 年 6 月首次投入战斗。在总计 23 个月的战斗中，He 219 一共取得了 150 个宣称战果，其中包括 10 架蚊式战机和至少 100 架四引擎轰炸机。在战斗中，德军损失了大约 100 架 He 219（由于敌机的攻击、友军火力的误伤和意外事故等），在战争的最后几天，更多的 He 219 被撤退的德军炸毁。至少有 25 名飞行员曾经成功从 He 219 弹射，其中一些人还不止一次弹射逃生。

# 第三章　He 219 夜间战斗机的战后测试

| 战争结束时德国空军各机场 He 219 的残留情况 | | |
|---|---|---|
| 机场名 | 残留数量（架） | 编号/详情/备注 |
| 德国 | | |
| 宾拉克/拜罗伊特机场 | 1 | "+CL" |
| 弗伦斯堡机场 | 1 | 190226 |
| 哈勒机场 | 可能 2 | 可能是 310193 和 1L+MK |
| 希尔德斯海姆机场 | 1 | 290112 |
| 胡苏姆机场 | 1 | 未知 |
| 勒希费尔德机场 | 3 | 190104，190176 和 190179 |
| 路德维希斯卢斯特机场 | 可能 4 | 310190，310302，310205 和 310214 |
| 明斯特-汉多夫机场 | 至少 9 | 290059（G9+BH），290200（G9+CB），211121（G9+DL），290057，211124，G9+SK 和 G9+VL，……116（可能是 211116），至少还有两架编号没有被记录 |
| 慕尼黑-里姆机场 | 1 | 190069（He 219 V29） |
| 莱恩斯恩/佐尔陶机场 | 6 | 未知 |
| 什未林-格拉斯机场 | 2 | 未知 |
| 费希塔机场 | 1 | G9+ML |
| 韦斯特兰机场 | 45 | 211120，290117，290123，290196，310106，310112，310182，310188，310204，310208，310215，420328 和 420331，其他未被记录 |
| 奥地利 | | |
| 施韦夏特机场 | 5 | 190011，190068，190071 和 190193 |
| 林茨/赫尔兴机场 | 1 | 190060（He 219 V17） |

续表

| | 机场名 | 残留数量（架） | 编号/详情/备注 |
|---|---|---|---|
| 丹麦 | 格罗夫/卡鲁普机场 | 大约 25 | 7 架完好无损的飞机：210903、290060、290202、290126、310109、310189 和 310200。还有另外 18 架（大约）处于不同的维修阶段 |
| 丹麦 | 卡斯特鲁普/哥本哈根机场 | 1 | 210901（B4+AA） |
| 捷克斯洛伐克 | 海布/埃格尔机场 | 或许 9 | 190121（DV+DQ），190223，其他无知 |
| 捷克斯洛伐克 | 布拉格-勒特南尼机场 | 1 | 未知 |

## 英国和美国俘获的 He 219

除了在韦斯特兰机场投降的 45 架 He 219 之外，还有 7 架位于格罗夫（现在的丹麦卡鲁普）的 He 219 被移交给了英国皇家空军。其中，有 9 架被运往英国和美国的测试设施。有 3 架随后被运往美国本土，5 架被运往英国本土。1945 年 7 月 21 日，英国人俘获并进行测试的第 6 架 He 219（工厂编号 310200）在格罗夫机场发生坠机，随即损毁。

值得一提的是，美国人获得的 He 219 实际上也是由英国皇家空军情报组织负责分配的，当时由前者开列需求清单，再由后者分配。这些飞机的详细资料随后被发送给哈罗德·E. 沃森上校（美国陆航成员），在大多数情况下——取决于在各地机场的发现——这些飞机很快就被移交给美国陆航。除了格罗夫机场残留的 He 219 外，韦斯特兰的 3 架 He 219 也被分配了美军编号，但迄今为止还没有找到它们归宿的线索。在抵达美国本土后不久，3 架"美国"He 219 都被分配了一个外国装备编号（FE）。后来，FE 前缀被替换为前缀 T2——字母 T2 表示陆航情报办公室。

| 英国和美国运往本土的 He 219 的情况 | | | | |
|---|---|---|---|---|
| 英国空军部编号（AM） | 美国 EF 编号 | 工厂编号 | 机身编号 | 备注 |
| AM20 | 无 | 290126 | D5+BL | 在丹麦的格罗夫机场向皇家空军投降 |
| AM21 | 无 | 310109 | 未知 | 在丹麦的格罗夫机场向皇家空军投降 |
| AM22 | 无 | 310189 | D5+CL | 在丹麦的格罗夫机场向皇家空军投降 |
| AM23 | 无 | 310200 | D5+DL | 在丹麦的格罗夫机场向皇家空军投降 |
| AM43 | 无 | 疑为 310215 | 未知 | 在韦斯特兰机场向皇家空军投降 |
| AM44 | 无 | 310106 | 机鼻标志（"E"） | 在韦斯特兰机场向皇家空军投降 |

续表

| 英国空军部编号（AM） | 美国 EF 编号 | 工厂编号 | 机身编号 | 备注 |
|---|---|---|---|---|
| USA 8 | FE-612 | 210903 | SP+CR | 在丹麦的格罗夫机场向皇家空军投降；1945 年 6 月，这些飞机被移交给沃森上校（美国），并于 1945 年 7 月 19 日至 31 日被装上皇家海军"收割者"号护航航母运往美国 |
| USA 9 | FE-613 | 290060 | CS+QG | |
| USA 10 | FE-614 | 290202 | GI+KQ | |

共有 45 架 He 219 在叙尔特岛的韦斯特兰空军基地向英军投降。图中为其中 31 架。为了防止这些 He 219 逃走，所有飞机都要拆除螺旋桨和尾部部件，使其无法飞行。

英军涂装的 AM22 号 He 219。

英国皇家海军"收割者"号护航航母载着被俘德军飞机驶往美国。为了保护这些珍贵的货物不受海水的腐蚀，每架飞机在装运前都被层层防水、防腐布"包裹"起来。图中可以看到 3 架 He 219 均去除了螺旋桨和尾翼。1945 年 7 月，"收割者"号从瑟堡起航时，总共装载了 41 架飞机。

被固定在"收割者"号飞行甲板上的 He 219。

停在弗里曼机场的美军 FE-613 号 He 219 战斗机，图中可以看到该机装备了"斜乐曲"武器系统，但机头瞄准镜缺失了。

美国史密森尼国家航空航天博物馆收藏的 He 219。这架飞机实际上是一个杂糅品。其垂直稳定器来自工厂编号 290060 的 He 219，而机身的其余部分主要来自工厂编号 290202 的 He 219。

## 捷克斯洛伐克空军装备的 He 219

20 世纪 50 年代初，两架在战争结束时落入苏军手中的 He 219 在列托夫工厂进行了大修。这两架飞机都没有安装雷达，尽管苏联人曾试图搜寻雷达的关键零件。第一架飞机完成试飞后，就被移交给了布拉格航空研究所（VZLU），据报道，在那里它被用于弹射座椅测试。后来，它被移交给重生的捷克斯洛伐克空军，并被命名为 LB-79（LB 是轻型轰炸机的缩写），但这些前 He 219 从未被用作轰炸机使用。据称，捷克试飞员科瓦林卡曾在 1946 年实验性地驾驶了这两架飞机。这两架 LB-79——其中一架被标记为白色"34"号，在 1952 年年底或之后不久即被废弃。但捷克斯洛伐克空军装备这种战机的具体数量是未知的。

## 丹麦坦尼斯湾发现的 He 219

2011 年 10 月，休闲潜水员在丹麦北部海岸 3 米深的水中发现了一架 He 219 的残骸。2012 年 4 月 23 日，在丹麦航空博物馆协会（DFS）的帮助下，潜水员从坦尼斯湾将这架 He 219 的残骸打捞出水。这些被打捞上来的文物将被运送到奥尔堡进行保护处理，然后存放在丹麦国防博物馆中，在那里，这些藏品将被用于静态展览。据称，这架 He 219 是在 1945 年 4 月迫降到水面上的，并在下水前抛掉了若干副油箱。截至目前，还没有发现有关这架 He 219 的任何资料，残骸本身也没有提供任何可能揭示其身份的线索。

## 英国皇家空军试飞员埃里克·布朗试飞 He 219 的记录

埃里克·梅尔罗斯·布朗（Eric Melrose Brown）于 1919 年 1 月 21 日生于爱丁堡附近的苏格兰利斯。在第二次世界大战中隶属于皇家海军航空兵，于 1944 年开始踏足试飞领域并很快成为功勋卓著的试飞员，他曾经获得过大英帝

这张质量很差的照片是已知的唯一一张关于捷克斯洛伐克空军装备 He 219 的照片（型号 LB-79，编号 34）。

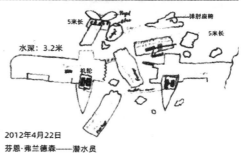

丹麦人打捞 He 219 的现场照片和该机残骸在海床上的分布图。

国勋章（CBE），优异服役十字勋章（DSC），空军十字勋章（AFC），也是皇家航空协会成员（Hon FRAeS）。后来他加入了英国皇家空军，并成为了首席试飞员。值得一提的是，埃里克·布朗是历史上驾驶过飞机种类最多的人，曾驾驶过 487 种不同类型的飞机。他也是皇家海军航空兵被授勋最多的飞行员，拥有在航母上降落 2407 次的世界纪录（至今无人打破）。

以下是他试飞 He 219 的亲身感受：

1945 年 5 月初的上午，矗立在南日德兰的格罗夫空军基地，外形高大、丑陋的 He 219 战斗机机群显得格外寂寞与孤单，而其暗灰色带

有条纹的夜战迷彩也使得这座位于德荷边境、重要的纳粹空军基地充满肃杀的气氛。为赶赴该基地，我需要飞越荷尔斯泰因地区，此地也是纳粹的最后防线之一，沿途尽是萧条的景象，数周以来，纳粹德军曾在此地负隅顽抗，在血战到底之余，他们同样贯彻了其高层的命令——破坏一切装备，以避免资敌。

格罗夫机场配备有性能优越的地面雷达，是纳粹空军最完备的夜间战斗机基地之一，隶属于第 1 夜间战斗机联队。在纳粹空军当中，第二种被命名为"雕鸮"的机型——He 219 夜间战斗机（第一种为 Fw 189）即从此地出击。此时，基地内停着非常多的亨克尔战斗机，其中数十

架正停在机库内进行维修，其余则分散在机棚或者疏散区域内，其中仅有 7 架还可以飞行。事实上，为了维持第 1 夜间战斗机联队的最低战斗力，不少新飞机成了"零件供应者"，由此可见大战末期德军物资的极度匮乏。

我认为 He 219 是纳粹德国外形最丑的战机之一，它充满了嶙峋的棱角，机身扁长，还拥有巨大的引擎罩和离地特别高的三点式起落架，形状怪异的机头再加上安装于其上的如灌木丛般的雷达天线（我们俗称其为"金龟子触须"），这种飞机给人的第一印象如同史前怪兽。

实际上，我来到格罗夫基地的第一要务是检视阿拉多 Ar 234B 型喷气式轰炸机，但在为数不多的任务时间内，我还是抽空对 5 架准备被运往英国本土的 He 219 夜间战斗机进行了检视，并试飞了其中 3 架。5 架 He 219 中 4 架属于该机型的第一种量产型——He 219 A-2，另一架为改进型的 A-5，实际上就是 He 219 V11，该机在失事后，被修复并升级到 A-5 标准。

以飞行员的观点来看，He 219 给人印象最深的地方就是它的驾驶舱，它距离地面特别高，所以需要利用一根很长的单边扶梯来登机，在飞行员登机后，需要由地勤人员将这个扶梯折叠，并储存在机身底部的凹槽中。He 219 的座舱罩相当宽大，可以提供 360 度的全向视野，且一体成型，以铰链固定在机身右侧。其驾驶舱空间非常大，也十分舒适。飞行仪表盘呈 T 形排列、与引擎有关的仪表都安装在主仪表盘的右侧。飞行员和无线电/雷达操作员背对背坐在以压缩气体为动力的弹射座椅上，而所有夜间战斗机所应具备的装备一应俱全。

He 219 A-2 装备的 DB 603A 型引擎易于启动，先将燃油旋塞选在第二、第三号油箱（位于三个机身油箱的中段及后段），并将对应的燃油泵接上电源。当感觉有阻力时，将节流阀打开

四分之一，并将磁电机置于"M1+2"的选项处。虽然 A-2 型本身配备了电动惯性启动器，但通常启动时需要外接设备。压下启动器按钮 10 至 20 秒，放开，拉出时启动，若冷启动，则需要先向左旋转按钮，给引擎注油。一旦引擎发动后，在燃油以及润滑油压力自动显示之前，其每分钟转速应该保持在 1200 转以下，只有在检查动力设备并进行暖机时才能将其转速提高到 1500 转，并保持 3 分钟，而点火测试时要加到 2000 转。

飞机滑行时，所有配平都应该设置在"居中"位置，散热片打开，检查弹射座椅的空气压力，飞行员弹射座椅为每平方厘米 80 公斤，无线电员弹射座椅为每平方厘米 50 公斤。He 219 滑行的操纵性极好，但刹车效果过强，因此在侧风滑行的时候应该慎用。起飞前检查的时候，应该将飞机螺旋桨的螺距调至 12：15 位置，襟翼置于起飞位置。He 219 的滑行距离为 1555 米，起飞开足马力时螺旋桨为 2700 转/分，进气压 1.4ATA（ATA 即工程大气压）。

纳粹德国空军有关报告中声称，He 219 引擎的动力极强，因此可以在起飞爬升或进场降落时只使用一具引擎，并举例某位飞行员在起落架和襟翼未收回的情况下，以一具引擎紧急起飞。但以我的亲身体验来看，如果此言非虚，则该机必定配备了火箭助飞装置（JATO），或者滑行距离特别远。个人认为 He 219，尤其是 A-2 型，严重动力不足！于暗夜起飞，一具引擎故障时，那将是极其紧急的情况，因为飞机在时速 220 公里以下的时候，极难保持直线飞行，且收回起落架时，飞机将会立即下沉，这意味着在爬升至 15 米至 91 米之间，有一个关键的区域。

最小离地速度是 170 公里/小时，在 50 英尺（15.24 米）高度可以收起落架，但不能更低，因

为前面提到的下沉现象。随着速度增加到 250 公里/小时，可以在 150 米收起襟翼，这伴随着明显下沉。然后飞机能稳定地在 300 公里/小时爬升，发动机 2500 转，进气压 1.3ATA。稳定爬升时，He 219 的杰出稳定特性开始展现。最佳爬升率是从时速 300 公里开始，逐渐降到 10000 米高度的 280 公里/小时。爬升率当然不怎样。飞机爬升至预定高度后，将散热片完全关闭，引擎转速降至 2300 转，1.2ATA 进气压。若需要经济巡航，则转速降至 2000 转，以及 1.05ATA 进气压。于 6096 米高空全马力飞行时，加速较为迟缓，最大速度也只有每小时 608 公里，比德国手册的数据更差。

操作燃油系统时，需要先自第二、第三号油箱取用，至其容量过半后(即 1000 公升)，换接第一油箱直至用尽为止。He 219 的座舱加热和除冰系统很有效，而自动导航也十分可靠且便于操作，He 219 的确是一种性能优越的全天候战斗机。

He 219 的降落操作也十分容易，首先将引擎罩鳃片全部打开，将螺旋桨距置于"12 时"的位置，待时速降到 300 公里时放下襟翼(将其置于"起飞"位置)；待时速 270 公里时放下起落架；最后绕场时速为 250 公里，进场时速为 225 公里，此时襟翼全落，并选择该用的燃油泵；

靠近跑道时时速为 200 公里，待降到 160 公里时将前三点起落架放下，着陆相当轻松。不过，因为鼻轮不能悬空太久，所以应该迅猛地启动刹车。刹车压力不得低于每平方厘米 60 公斤，否则需要在降落前按下压力表的按钮达到这一数字。飞机在无风的情况下，着陆滑跑距离为 650 米。

降落时，飞机横向动作(受到弹簧平衡副翼控制)较迟缓，因此不宜在襟翼全部放下的情况下转弯，而 He 219 在风力较大的时候进场时，极难进行横向操作。

就个人经验而言，He 219 A-2 显然"名过其实"。以我的观点，它在概念上是良好的夜间战斗机，但有任何双发飞机上能出现的最糟特性，这个缺点让单发起飞变成极其危险的操作，单发降落也同样危险。

无论是布朗的评价还是飞机本身的指标，都可直接看出 He 219 动力不足的重大问题。虽然该机性能指标不尽如人意，与蚊式直接对抗多少有点勉为其难，但不影响它在夜间成为四引擎轰炸机的克星。

如果纳粹空军没有在 He 219 计划上摇摆不定或者有足够的 He 219 参战，那"二战"夜间空战的历史或许会被改写。